福岡大学カーボンニュートラル推進協議会 編

カーボンニュートラルが変える地球の未来

2050年への挑戦

晃洋書房

ま え が き

　現在，アメリカや EU をはじめとする世界各国が，「2050年までにカーボンニュートラル（温室効果ガスの実質排出ゼロ）を達成する」ことを宣言しています．日本でも，2020年10月にカーボンニュートラル，脱炭素社会を目指すことを宣言しました．こうした状況の中，福岡大学は，2021年8月に「カーボンニュートラル（CN）推進基本方針2021」を策定し，脱炭素キャンパスの実現を目指して CN 推進活動に取組んでいます．さらに，2022年4月には，CN 推進活動の中核組織として「福岡大学 CN 推進拠点」を設置しました．

　今後の本学での取組みとして，5つの課題別チーム（脱炭素キャンパスチーム，研究推進チーム，地域連携チーム，人材育成チーム，国際連携チーム）を設け，さまざまなアプローチから脱炭素キャンパス化や，CN にかかる研究体制の強化，地域社会や国際社会と連携した取組みなどを進めてまいります．

　今後，益々求められることとして，単なるテクノロジーの開発のみならず，地球温暖化，カーボンニュートラルという枠組みを全体として俯瞰し，その全体感の中でどのようにすべきか？ を考える人材育成があります．そのニーズに応えるために，福岡大学は，当然，カーボンニュートラルに対する優れた教育を目指していきます．そのために，令和5年度から新しいカーボンニュートラルに特化した授業を開始します．また，その授業のテキストとして，本書を出版することにしました．本学は9つの学部がワンキャンパスに存在する，恵まれた環境にあり，それら各学部には多くの地球温暖化，カーボンニュートラル関係の研究，教育に携わっておられる先生がおられます．その英知を集め，本書として集約しました．他方，カーボンニュートラル，あるいはそれとも深く関わる SDGs は教員のみならず，職員，学生も理解，実践していくべきものです．そこで，本書の著者として，教員のみならず，職員，学生にも入ってもらいました．その意味で，等身大で理解できる教科書に仕上がったと確信します．

　コロナ禍をはじめ，地球温暖化の問題，これは大きなピンチだと思いますが，

私は「ピンチはチャンスだ」と思っています．変化が生じて，社会も，我々の生活も全くの変化の中にあります．変化はチャンスです．従いまして，今はチャンスしかありません．これからは，若い人の時代です．ぜひ，本書を基に，地球温暖化，カーボンニュートラルを正しく理解し，「幅広い知識を有し，有機的に結び付けて CN を解決できる人材」となり，世界大で活躍して欲しいと思います．

令和 4 年12月 1 日

福岡大学 学長　朔 啓二郎

目　　次

まえがき

第1章　カーボンニュートラルに必要なこと …………………… *1*

第2章　地球大気とその成り立ち ………………………………… *7*

第3章　地球温暖化の状況とインパクト ………………………… *17*

第4章　日本におけるカーボンニュートラルの取組みと
　　　　各国の比較 ………………………………………………… *29*

第5章　エネルギーの社会受容性 ………………………………… *43*

第6章　電力システムの現状と課題 ……………………………… *53*

第7章　再生可能エネルギーの役割 ……………………………… *65*

第8章　原子力の役割 ……………………………………………… *77*

第9章　水素社会の可能性 ………………………………………… *91*

第10章　カーボンニュートラル燃料 ……………………………… *103*

第11章　これからの電力需給システム …………………………… *117*

第12章　交通部門における CO_2 削減 …………………………… *125*

第13章　地球温暖化のビジネス機会 ……………………………… *137*

第14章　ESG 投資と企業の対応 …………………………………… *149*

第15章　人口問題，食と農業 ……………………………………… *161*

第16章　気候変動と SDGs ………………………………………… *173*

第17章　カーボンニュートラル教育 ……………………………… *185*

第18章　福岡大学における SDGs 取組み事例 …………………… *197*

第19章　福岡大学のカーボンニュートラルへの取組み ………… *209*

第20章　これから私達は何をすべきか？ ………………………… *227*

索　　引　（*235*）

第1章

カーボンニュートラルに必要なこと

第1節　はじめに

　2020年10月，菅首相（当時）は，国会で，2050年のカーボンニュートラル，すなわち，全体として排出量をゼロにすることを宣言した．この本は，カーボンニュートラルを目指すための，いろいろな政策，考え方，事業について，解説している．

　今日，カーボンニュートラルは，パンデミック，デジタルと並んだ，トレンディ用語になっている．政府のカーボンニュートラル宣言を受けて，主要な業界や企業は，2050年カーボンニュートラルを宣言し，そのための行動計画を策定している．しかし，2050年は，今から30年後である．30年で，果たして，すべての事業が CO_2 排出量を正味でゼロにできるのであろうか．IEA は2021年5月に発表した Net zero by 2050報告書で，2050年カーボンニュートラルには，今ある技術では半分しか達成できず，残りの半分は，いま技術開発中の技術の実用化を待たねばならないことを明らかにした．今ある技術とは，例えば，再生可能エネルギー技術である．太陽光発電や風力発電技術，あるいは，電気自動車の技術などがある．他方，いま技術開発中の技術としては，産業の脱炭素化に関する技術，例えば，水素還元製鉄や，CO_2 を出さないセメント製造技術，などがある．つまり，製造業のカーボンニュートラル技術はいまだ，見えない状況にある．

　このような中で，2050年カーボンニュートラルに向かう道筋の中で，トランジションの段階があることが認識されつつある．このトランジションとは，カーボンニュートラルに至る前の段階，例えば，製鉄技術では，効率的な製鉄技術であり CO_2 排出量が30％削減を目指す course50 などの技術を使うことが

想定される．このトランジションの概念は，日本で考案され，世界に広まった．例えば，欧州委員会は，2022年1月に，天然ガスと原子力をトランジション段階の技術として認める決定を発表した．従来，欧州委員会は，2050年のカーボンニュートラルに向けて，再生可能エネルギーのみを使用可能な電源としていた．しかし，トランジション段階として，天然ガスと原子力を認めたわけである．しかし，これは，欧州で大きな論争を呼んでいる．2021年にイギリスグラスゴーで開かれた第26回気候変動枠組み条約締約国会合（COP）において，石炭火力の段階的削減が合意された．2022年にエジプト，ウラムシャハルで開催された第27回COPでは，化石燃料全体の段階的削減がインドから提案され，欧州などの支持を得たが，合意には至らなかった．このように，化石燃料全体の削減や原子力発電の削減は大きな論争になっている．その決定は，世界の情勢によっても影響を受ける．2022年のウクライナ戦争によって，化石燃料価格が高騰し，ロシアからのガスの輸入等が削減されたため，ドイツは，2022年末に全廃する予定であった原子力発電所を2023年3月まで動かすことを決定した．このように，エネルギー供給は，2050年カーボンニュートラルを目標に，できるだけ CO_2 排出量を削減する努力を行っていきつつ，現実的なトランジションも追及していかなければならない．

　今後，2050年カーボンニュートラルを目指していくには，留意すべき点をいくつかあげたい．

1　気候変動の現状の姿の認識

　このようなカーボンニュートラルにおける動向について読者はどのように考えるであろうか．気候変動の有無と原因についての，2020年に行われたNHK世論調査によると，①世界の気候変動の大部分は，自然界の変化によって引き起こされている，と答えた人の割合は3％，②世界の気候変動は，自然界の変化と人間の活動の両方が，同じくらいに影響して引き起こされている，と答えた人が40％，③世界の気候変動の大部分は，人間の活動によって引き起こされている，との回答が51％であった．これの正解は，IPCC第6次評価報告書で示されている．IPCC報告書には，1750年頃以降に観測された，よく混合された温室効果ガス（GHG）の濃度増加は，人間活動によって引き起こされ

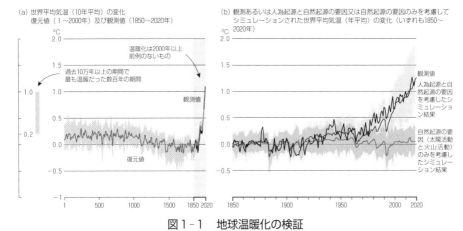

図1-1　地球温暖化の検証

（出所）　IPCC第6次評価報告書第1作業部会報告書 政策決定者向け要約暫定訳（気象庁訳）.

たことに疑う余地がない，と述べられている．この証拠として，IPCCは，図1-1の2つの図を示している．気候変動は自然界の変化によっても生じる．しかしそれは極めてゆっくりしたスピードで生じている．前回の温暖化は数千年にわたる地球軌道の変化で生じた．図1-1の左図は，紀元0年からのGHG排出量の変化を示している．このような急激な変化は，人為的な原因でしか考えられない．また，右図が示す人為的な影響を想定した温度変化シミュレーションの結果は，実際の測定値と極めて良い整合性を示している．

2　次に，どのように気候変動に取組むことが必要か？

　日本政府は2050年のカーボンニュートラルを目指すことを宣言したことを紹介した．もちろん，日本の努力は必要であるが，日本のCO_2の排出量は世界全体の3％であることにも留意しなければならない．今や途上国の排出量が世界のCO_2の排出量の3分の2を占める．したがって，技術をどのように世界全体に普及させるのか，普及にあたってはビジネスの観点をどのように両立させるのかが極めて重要である．このような世界全体を念頭に置いて各国の対応を日本がリードしていく必要がある．2021年11月に，BBCが世界31カ国で行った世論調査によれば，気候変動枠組み条約会議でリーダーシップを発揮すべきと答えた人の割合は，31カ国平均で56％であったのが，日本は39％で下か

ら5番目に低い数字であった．さらに，分からないと答えた人の割合は11％であり，この数字は，31カ国中最も高い．繰り返しになるが，気候変動問題は，日本が1人で頑張っても解決できる問題ではなく，世界の問題である．気候変動に対応する世界という目で見て考えていくことが不可欠である．

3　カーボンニュートラルという全く新しい社会の創造

今後，カーボンニュートラルを基に，どのような社会システムを構築すればよいかを考えていく必要がある．気候変動は，人類にとってリスクでもあるが，新しい機会でもある．気候変動は，新しいビジネスを創造していくものであるが，日本では多くの人たちが気候変動をリスクでとらえる傾向がある．ILOは，2030年までに石油など化石エネルギー分野で約600万人の雇用が失われるとした．しかし他方で，再生可能エネルギーや電気自動車，電力系統などの分野で約2400万人の雇用が増えると予測している．このように，カーボンニュートラルによって，縮小していく産業から新しい産業にどのようにシフトしていくかを考えなければならない．最近，気候変動における公正な移行，という概念が語られるようになっている．誰1人取り残さない，カーボンニュートラルを，どのように達成するかということも大きな課題である．

4　カーボンニュートラルという新しい社会と社会課題

例えば，再生可能エネルギーの大量導入を進めると，電力供給の不安定化という問題が生じる．原子力の維持には，社会的合意形成をどのように図っていくか．CO_2吸収源としての森林保全には，広大な熱帯林を有する途上国の努力が必要だが，途上国において必ずしも熱帯林保護の優先順位は高くない．カーボンニュートラルには，日本政府の試算で150兆円という莫大な資金が必要となるが，その資金をどのように調達するのか．CO_2を出さない技術の導入促進にはカーボンプライシングが有効とされるが，炭素税には逆進性があり所得格差の拡大につながると言われるがその問題をどのように解消するのか？　など，二律背反する問題にどのような解決策を見出すのか，が課題である．このような課題の解決策は，従来の枠組みにとらわれない，大胆な発想のチャレンジが必要となる．

　このように，カーボンニュートラルには，従来の発想から抜け出す，チャレンジ精神をもった人材が必要とされる．この本が，そうしたことを目指す方々にヒントを与えることができることを期待している．

第2節　本書の構成

　本書の構成は，全体で20章からなる．第2〜3章では地球温暖化の本質を説明する．第4章で国内におけるカーボンニュートラルの取組みを踏まえた上で，第5章から第10章で，主なカーボンニュートラル技術に関して，理解していく．第11章は都市——特に交通から見たカーボンニュートラルの在り方を紹介する．第13, 14章では，カーボンニュートラルを1つのビジネス機会と捉えた時に，どのような見方ができるか解説する．第15章では，地球温暖化が引き起こすであろう重大な課題の1つである食料に関する話題である．カーボンニュートラルは，昨今の重要なキーワードでもあるSDGsや教育とも深い繋がりがある．本書では，第16章，17章でそのSDGsや教育との関わりも述べた上で，本学におけるSDGsの取組みを調査した結果，実際の具体的な取組みについても第18章で紹介していく．同時に，福岡大学のスマートキャンパス構想を第18章で紹介し，未来の福岡大学の姿，また第19章では本学を事例にスマートキャンパスのあるべき姿を提案していく．最終章の第20章は，第1〜19章までの取組みがテクノロジーや大規模な政策寄りの話題であるのに対して，個々人の取組み，カーボンニュートラルへの向き合い方にフォーカスしている．本書は，いわゆる専門書ではなく，かと言って啓蒙書とも異なるスタイルを目標としている．すなわち，各章で紹介する内容の本質は何か？　その実現のための課題や困難は何か？　などを平易に記載し，丁寧に説明したつもりである．その上で，各章では，横断的，かつ網羅的にトピックスを集めている．これは，個々の対策である「部分」と，それを融合的に議論する「全体」との関係の理解を重視している．本書を通じて，カーボンニュートラルにおける全体感を持ち，自分で判断できるスキルを身に付けられれば，幸いである．各章の著者の一様な思いは，与えられた情報を咀嚼し，自分なりの仮説を基に，自身の行動要領を決められ，かつ発信できる人材になって欲しい点に尽きる．極端，地球温暖化防止

に反対，カーボンニュートラルに反対という意見でも構わない．多様な意見が
あることで発展し，色々な案件が精査されていく．同時に，自身の意見を基に
議論した際に，相手がより合理的な意見と思えた場合には，その意見を尊重し，
受け入れることも重要である．地球温暖化防止をはじめカーボンニュートラル
に関しては，世界的にも概ね総論は賛成であるが，各論は大きく異なる場合も
ある．その中で，自身の意見に固執すると，交渉はまとまらない．時には，交
渉内容のある部分の意味は意図的にぼかす，解釈に自由度があるものにするな
ども重要である．本書を通じて，そういう世界人的な発想で活躍できる人材が
数多く育成されることを切に望む．

　なお，本書はもう1つの目的があり，福岡大学の教員のみならず，職員，学
生も著者として含まれている．それによって，教職員・学生の三位一体でカー
ボンニュートラルに関して，より深く成長していくという思いも込めてある．
そのため，各章で多少の体裁や文言のトーンが違う，あるいは繰り返しのある
場合もある．その点は，読者に少なからず不便を与えるかもしれないが，意図
を汲んで頂き，ご容赦願いたい．

　では，次章から，いよいよ各論に進んでいく．

第2章

地球大気とその成り立ち

第1節　はじめに

　カーボンニュートラルとは，二酸化炭素の排出と大気中の二酸化炭素の吸収との間のバランスが取れている状態を意味する．なお，「カーボン（二酸化炭素：CO_2）」という言葉が用いられているが，カーボンだけでなく，メタン（CH_4）や一酸化二窒素（N_2O），フロンなども含めた温室効果気体の排出が実質ゼロになった状態が，カーボンニュートラルである．カーボンニュートラルの取組みは，日本だけでなく，ヨーロッパ諸国（EU）や中国も行うことを宣言しており，世界的な潮流になっている．

　何が問題，動機となってこのような取組みが日本だけでなく世界的な潮流になっているのか．それは，温室効果気体の排出に伴う地球温暖化が世界的な気候変動をもたらし，その結果として気象災害が世界で頻発し，人類の生存が脅かされているからである．

　本章の目的は，そもそも温室効果とは何か，温室効果の基礎を解説することである．ある物理法則を使って，地球のエネルギー収支を考えることにより，地球の表面温度をまず見積もってみる．さらに，同じ考えを太陽系の他の惑星に適用して，他の惑星の表面温度も見積もってみる．このことを通じて，温室効果の機構の説明や，地球の大気環境を太陽系の惑星の1つとして眺めたときの共通点や差異なども考察していきたい．

　科学の特徴の1つは，自然現象を理想化して（モデルと呼ばれる）模型をつくり，それに従って定量的に何かを見積もる，予測する．その予測や見積もりを実験や観測と比べて，モデルの正否を確かめる．もし実験・観測事実を説明できないのであれば，モデルを改良していく，といった手法で議論・研究が行わ

れていくことである．本章では，そのような科学の手法の一端を知ってもらうことも目的の1つと考えている．そのため，あえて数式を使って定量的な議論を行う．数式に惑わされないよう，議論の本質をつかんでほしい．

第2節　放射の物理学

1　放射とは

熱（エネルギー）をある場所から別の場所に伝達する機構として，次の3つが知られている．

① 伝導
② 対流
③ 放射（または，輻射）

伝導は，物と物が接触して熱を伝える機構である．金属の棒の片方の端を熱したときに，他端に向かって熱が伝わっていく機構が伝導である．脇の下に挟んで使う体温計は，この機構を使って体温を測っているのである．

対流は，物が移動して熱を伝える機構である．水や空気などでは，流れる，という性質があることから，上記の伝導に加えて，水や空気が流れることにより熱を伝え，運ぶことができる．熱々の味噌汁を眺めていると，下から味噌汁が湧き上がるような動きをしていることを目にしたことがあるだろう．これは，味噌汁の表面が外気と接していて冷やされており，一方，お椀の底の方にある味噌汁は熱い状態に保たれている．このような状態のときに，味噌汁の中に流れ（対流）が形成され，お椀の底にある味噌汁の熱を，味噌汁表面に運び，味噌汁が冷えていく．

放射が，温室効果を理解するために必要なエネルギーの伝達の機構である．これは，電磁波によって起こるエネルギーの伝達である．電磁波は真空中でも伝播するので，ある物と物の間が真空であってもエネルギーが伝わるのである．宇宙空間はほぼ真空であるにもかかわらず，我々が生活できる環境が保たれているのも，太陽から放射の形でエネルギーが伝達されているからである．コロナ禍で店に入店する際に，ひたいや手首などで非接触型の体温計で体温を測る

ことが行われてきた．この温度計は，体から出る電磁波（赤外線）の量を測ることにより，体温を測定しているのである．「放射」という言葉は，熱エネルギーの伝達の一機構を表すとともに，電磁波を射出することや，物体から射出された電磁波も放射と呼ぶ．

2　放射の物理法則

本章の議論の中心になる放射の物理法則は，シュテファン・ボルツマンの放射法則，と呼ばれるものである．ある温度の黒体から射出される放射のエネルギー量と温度との間の関係を表す法則である．この法則は，1800年代にシュテファンが実験的に見出し，ボルツマンによって理論的に導かれた法則である．このシュテンファン・ボルツマンの法則は，温度が $T[\mathrm{K}]$ の黒体の表面1平方メートルから1秒間に放射されるエネルギー $E[\mathrm{W/m^2}]$ は，温度の4乗に比例することを述べていて，

$$E = \sigma T^4 \tag{2.1}$$

の式で表される．ここで，比例定数である σ はシュテファン・ボルツマン定数と呼ばれる普遍的な定数で，$\sigma = 5.67 \times 10^{-8}[\mathrm{W/(m^2 K^4)}]$ であることが知られている．

次節では，このシュテファン・ボルツマンの放射法則を使って，地球や惑星の平均的な表面温度の見積や，温室効果といった機構を説明していく．

第3節　放射の法則の地球・惑星への適用

1　放射平衡

まず，前節で紹介したシュテファン・ボルツマンの放射法則を地球や太陽系の他の惑星に適用して，地球や惑星の表面温度を具体的に見積もってみることにする．

地球の表面の単位面積（1m²）で，エネルギーの収支を考えてみる（図2-1）．単位面積，単位時間（1s）に太陽から放射の形で F のエネルギーが降り注いでいるとする．しかしながら，このエネルギーは全て地球表面に吸収されるわけ

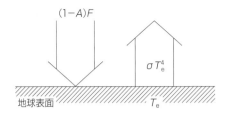

**図2-1　地球表面におけるエネルギー
収支の概念図**

(注)　地球表面に入射する正味の太陽放射のエネル
ギー（(1−A)F）と地球から放射されるエネル
ギー（σT_e^4）.

ではない. 地球の表面の状態の違い, 例えば, 海か陸か, また陸上であっても
それが雪や氷で覆われているか, といった違いや雲の存在によって, 太陽から
地球に達した放射のうち, ある割合 A は地球表面には吸収されずに宇宙空間
に戻ってしまう. このような割合 A は反射能（アルベド）と呼ばれている.

　したがって, 地球表面が吸収する太陽からの放射のエネルギーは

$$（地球表面に吸収される太陽からの放射のエネルギー）= (1-A)F \qquad (2.2)$$

である. 一方, 地球表面はある温度 T_e であると仮定する. このとき, この温
度に対応したエネルギーを宇宙空間に向けて放射している. シュテファン・ボ
ルツマンの放射法則によると, その量は

$$（地球表面から宇宙空間へ放射するエネルギー）= \sigma T_\mathrm{e}^4 \qquad (2.3)$$

である. この2つの量が釣り合っていない（平衡状態にない）と, 地球表面は時
間と共に温度が上がり続けたり, 下がり続けたりする. 最近の気候状態は, 地
球の気温が上がり続けている傾向があるが, ひとまず温度が一定であると仮定
すると, (2.2) と (2.3) が等しいという等式:

$$(1-A)F = \sigma T_\mathrm{e}^4 \qquad (2.4)$$

が成り立つ. このような放射により入射するエネルギー（左辺）と射出するエ
ネルギー（右辺）との間の釣り合いを, 「放射平衡」と呼ぶ. この (2.4) を温

表2-1 太陽系のいくつかの惑星に関するさまざまな量

惑星名	$\tilde{F}$	A	T_e[K]	T_s[K]	大気圧	大気の主成分
水星	6.67	0.08	437	442	5×10^{-15}以下	Na (86%)
金星	1.91	0.76	227	737	92	CO_2 (96.5%)
地球	1	0.3	255	288	1	N_2 (78%), O_2 (21%)
火星	0.43	0.27	210	215	0.006	CO_2 (95.3%)

(注) $\tilde{F}$は地球を基準にした太陽から受け取る放射量. A, T_e[K], T_s[K] は本文参照. 大気圧は地球の地表の気圧（1013[hPa]）を基準にした割合である.

(出所) 理科年表［国立天文台 2021：78, 79, 87, 97］より.

度 T_e に関して解くと,

$$T_e = \sqrt[4]{\frac{(1-A)F}{\sigma}} \tag{2.5}$$

という式が得られる.

　(2.5) で決まる温度は，有効放射温度と呼ばれる．シュテファン・ボルツマンの放射法則を地球表面に対して適用して得られた有効放射温度の値を実際に見積もってみる．計算に必要な量は，アルベド A と太陽から地球に入射する放射のエネルギー量 F，そしてシュテファン・ボルツマン定数 σ である．A や F は理科年表［国立天文台 2021］に数値が出ているので，それを採用すると，$A = 0.3$，$F = 340.25$[kW/m^2]である[2)]．σ の値は既に前節で紹介した．これらの値を，(2.5) に代入すると，$T_e = 255$[K]（$= -18$[℃]）という値が得られる．今の議論で考えている地球表面は，熱帯域なのか，極地域なのかといった場所や，昼なのか夜なのかといった時間・季節を考えていない．そこで，地球表面のさまざまな場所，時間，季節を平均した平均的な温度（これを T_s と表すことにする）と考えるべきである．しかし，観測によると，地球の表面温度は $T_s = 288$[K]（$= 15$[℃]）程度であり，上で求めた有効放射温度はこれに比べて随分と低いことになる（表2-1参照）.

　太陽系の地球以外の惑星に対しても (2.5) は適用でき，地球との違いは A と F の値である．表2-1に掲載したこれらの値を参考にして，有効放射温度 T_e を求めてみた結果と惑星表面の平均温度 T_s も，表2-1にまとめられている．水星や火星の場合には有効放射温度は惑星の平均的な表面温度に近い．地

球の場合，平均的な地表面温度の見積もりに失敗しているように見えるが，金星の場合には地球以上に有効放射温度と惑星の表面温度はかけ離れている．

2　温室効果のメカニズム

前小節で導いた有効放射温度は，観測で知られている地球の表面温度を説明することに失敗した．しかしながら，他の惑星，特に水星と火星の表面温度の見積もりにはほぼ成功している．前小節の議論には，どこに考え落としがあったのか．表2-1を眺めてみると，惑星の表面温度の見積もりに成功した場合は，大気圧（大気の量[3]）が地球に比べて極端に低い場合である．大気中の成分は，種類に応じて放射を吸収することが知られている．つまり，地球や金星で惑星の表面温度の見積もりに失敗したのは，これらの惑星には大気が存在し，その大気の成分（主成分や微量成分）が地球（や惑星）からの放射の一部を吸収することを考慮していなかったことであろう．このような効果を考慮して，前小節の議論を修正してみる．

図2-1のモデルに大気層を1枚追加した次のようなモデルを考えてみよう．この大気層は運動せず，さらに太陽からの放射は完全に透過するが，地球からの放射はいったんすべてを吸収する．地球からの放射を吸収することにより，大気層はある温度になるので，大気層から宇宙空間と地球表面に向けて放射を射出する（図2-2参照）．このモデルで，前節と同様に地球表面と大気に対して，エネルギーの収支を考えると

$$\text{地球表面に対して：} (1-A)F + \sigma T_a^4 = \sigma T_s^4 \tag{2.6}$$

$$\text{大気に対して：} \sigma T_s^4 = 2\sigma T_a^4 \tag{2.7}$$

が成り立つ[4]．(2.6)，(2.7) は T_s と T_a を未知変数とする連立方程式である．これらの式を解いて，T_a, T_s を求めてみると

$$T_a = \sqrt[4]{\frac{(1-A)F}{\sigma}} = T_{e'} \tag{2.8}$$

$$T_s = \sqrt[4]{2\frac{(1-A)F}{\sigma}} = \sqrt[4]{2}\,T_e \tag{2.9}$$

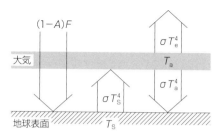

図2-2　温室効果のモデル

を得る．すなわち，大気が存在し，地球からの放射をいったん吸収し，さらに地球表面に向けて放射を再射出する，ということを考えると，地球表面の温度が大気を考えなかった場合（有効放射温度）の$\sqrt[4]{2} \approx 1.19$になるのである．先に見積もった地球の有効放射温度 $T_e = 255[\mathrm{K}]$ の場合だと，$T_s = 303[\mathrm{K}]$（$= 30[℃]$）となる．既知の平均的な表面温度の288[K]に対しては過剰見積もりとなったが，大気が存在することにより，地球の表面温度がどのような機構で昇温するのかについて，理解していただけたのではないかと想像する．このような機構が温室効果と呼ばれる機構である．

　ここでは，大気層を1枚だけ考えたが，n 枚の大気層を考えると，惑星の表面温度 T_s は有効放射温度の$\sqrt[4]{n+1}$倍になる．金星は，地球の92倍の大気圧であるので，試しに92枚（$n=92$）の大気層を考えてみると，金星表面の温度は有効放射温度の3.11倍，すなわち，705[K]となる．既知の値（表2-1）と比べると，悪くない見積もりであることがわかるであろう．

　金星と火星は共に大気の主成分が，温室効果気体の二酸化炭素であるが，金星の場合には多量の大気（二酸化炭素）の存在により，温室効果が効果的に働いているが，火星の場合は大気の主成分が二酸化炭素であっても，大気の量が少ないので，温室効果はあまり働いていないことが，表2-1から推察されるだろう．

第4節　おわりに

　本章では，熱（エネルギー）を伝達する機構の1つである放射に関する物理法

則を，地球や太陽系の他の惑星に適用して，惑星の表面温度を見積もってみた．非常に簡単な議論であったが，大気が薄い場合には，放射だけを考慮に入れれば惑星の表面温度の見積もりに成功した．大気が存在する場合には，大気による放射の吸収による惑星表面へのエネルギーの再分配（温室効果）を考慮することにより，観測により近い惑星の表面温度の見積もることができることを示してきた．

　ここでの議論は，大気の運動を考えていない，また大気層は太陽光を吸収しない，大気層は惑星からの放射を完全に吸収するなどの簡単化を行っていた．実際には，大気は運動することにより熱を運ぶし，大気中の成分は，その種類により吸収する電磁波の波長や量が異なる．精密な見積もりを行うためには，そのような効果を考慮して計算する必要があるが，その計算は複雑で膨大なので，コンピューターの助けが必要である．地球大気の温度構造をコンピューターシミュレーションで世界に先駆けて研究したのが，2021年のノーベル物理学賞を受賞した，眞鍋叔郎博士である．

　地球の場合，有効放射温度から既知の表面温度に昇温させている主要な温室効果気体は，水蒸気と二酸化炭素であることが知られている．Kiehl and Trenberth［1997］では，地表から射出される放射と大気上端における宇宙空間に向けての放射の差を放射強制と定義して，放射強制に対する温室効果気体の寄与を見積もっている[5]．空が晴れている場合と曇っている場合とで放射強制に対する温室効果気体の寄与は若干異なるが，水蒸気が59-60%，二酸化炭素が26-28%，オゾンが8%，メタンや一酸化二窒素などが5-6%の寄与である．地球は「水の惑星」とよく参照されるが，水の存在が，温室効果を通じて我々の住める温度環境の維持に大きく貢献していることは興味深いであろう．また，二酸化炭素も我々の住める温度環境の維持に貢献しているのである．

注
1）　物理学では，温度は絶対温度（ケルビン［K］）という単位が用いられる．日常使うセ氏温度に273.15を足すと，絶対温度に変換できる．
2）　地球の軌道上において，太陽に垂直な面で単位時間に太陽から受け取る放射のエネルギーは，太陽定数と呼ばれ，1361［W/m^2］である．地球はこのエネルギーを太陽光線に垂直な面で受け取る．それを地球の表面積で割って，地球表面にわたる平均を計

算すると，太陽定数を 4 で割ればいいことが分かる.

3） 惑星表面の大気圧は，単位面積を底面として大気の上端の高さまで伸びる仮想的な気柱の中にある大気の重さ（質量に重力加速度を掛けた値）に等しい.

4） (2.6) 式において，左辺は地表に入射する正味の太陽放射を表し，右辺は地球表面から射出する放射である. 一方，(2.7) 式においては，左辺は大気に入射する地球表面からの放射を表し，右辺は大気から射出する放射である.

5） 本章の議論を振り返ると，温室効果気体による地球からの放射の吸収，再射出がなければ，放射強制はゼロになる.

参考文献

〈邦文献〉

国立天文台編［2021］『理科年表 2022』丸善出版.

〈英文献〉

Kiehl, J. T. and Trenberth, K. E. [1997] "Earth's annual global mean energy budget." *Bull. Amer. Meteor. Soc.* 78(2).

第3章

地球温暖化の状況とインパクト

第1節　はじめに

　この章では，まず，地球温暖化を正しく知り，それが我々の暮らしにどのような影響を与えるのか？　またその対策にはどれほど膨大なお金が必要になり，そのインパクトがいかに大きいかを理解していく．結論から書けば，地球温暖化による影響はそこにある危機であり，今すぐに対策を始めないと，将来に——特に子孫に対して——大きな禍根を残すことになる．反面，経済活動から見れば，大きな痛みを伴うのも事実である．そのバランスをどのように取るのか？　それが，今の我々に突き付けられた大きな課題である．現在のところ，誰も答えを持っておらず，この本の読者，1人1人が解決を模索していかなければいけない状況である．この章が考える機会，ヒントになれば幸いである．

第2節　地球温暖化

　自分の周囲においても，特に夏は年々暑くなっていると感じる．ニュースを見れば，観測史上最高や観測史上初という文言も珍しくなくなった．また，**写真3-1**に示すように，半径500m以内でバケツの水をひっくり返したような局所的な豪雨——ゲリラ豪雨と呼ぶ——も増え，国内のいずれかの地域で年に700回程度，発生していると言われる．それに伴う，都市型洪水も課題である．これらの全て地球温暖化のせいであろうか？　そこには注意が必要である．実際に20年前，30年前と都市近郊の平均温度を計測すると，高くなっている．しかし，これは温暖というよりは，ヒートアイランドと呼ばれる現象の影響が大きい．ヒートアイランドの概念を**図3-1**にまとめる．都市部では道路をアス

写真3-1　局所的な気象災害の例

（出所）　左：気象庁研究所「局地豪雨の解析・予測研究」（https://www.mri-jma.
go.jp/Dep/typ/araki/local_heavy_rainfall.html）より.
右：国土交通省「近年の降雨及び内水被害の状況，下水道整備の現状について」
（https://www.mlit.go.jp/mizukokudo/sewerage/content/001320996.
pdf）より.

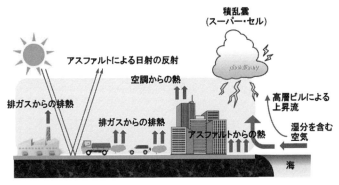

図3-1　ヒートアイランド現象

ファルトで被い，多くの車からの熱を持った排ガスが放出されるために気温が
上がる．さらに，ビル群の空調は，取り込んだ空気を高温部分と冷温部分に分
離して，冷温を空調に使い，高温部分は外へ捨てるという仕組みのため，都市
部の温度はさらに上がることになる．これがヒートアイランド現象であり，昨
今の，特に夏場の気温上昇はこのヒートアイランドに依る部分も大きい．地球
温暖化の評価には，このヒートアイランドの効果を差し引いて考える必要があ
る．米国のリチャード・ムラーは，地球温暖化には懐疑的であり，地球平均温
度上昇はヒートアイランド現象によるものと考えて，その評価を行った．しか
し，その影響を差し引いた上でも，地球の平均気温は上昇していることが示さ

れた．さらにその動向が二酸化炭素の排出量と関係していることも明らかになった．これから，ムラーは地球温暖化とその二酸化炭素との関係を認め，熱心な啓蒙活動に転換した．その成果は，Barkley Earth としてサイトにまとめられ，誰でも閲覧が可能である（URL は章末参考文献を参照）．この原因は，読者もよく聞くように，人類の活動——工業，経済活動——による二酸化炭素の排出である．二酸化炭素以外にも温暖化ガスと呼ばれるものとして，メタンやフロンなどもある．特に，メタンは二酸化炭素の28倍もの温暖化効果を持つと言われ，その放出の低減も課題である．次に，地球温暖化の元凶とされる二酸化炭素について俯瞰する．

第3節　地球温暖化は人間由来なのか？

二酸化炭素は自然界由来でも発生する．特に，大規模な火山の噴火は大量の二酸化炭素を放出する．図3−2に，1990〜2010年の世界の二酸化炭素の人間の活動による放出量を示す．1990年から比較して，およそ1.5倍に増えている．その中で，特異な箇所が3カ所あり，○で囲み，かつ"？"で示している．これらの特異な箇所は全て国が関わっている"？1"ではわずかながら二酸化炭素の放出が下がり，その後しばらくは一定になっており，1995年から再び上昇している．"？1"の時点では，旧ソ連という国が崩壊して，ロシア共和国他の国々に分裂し，旧ソ連の経済が停滞した．そのため，旧ソ連の特に工業が大打撃を受けて，工業生産の著しい低下，すなわち二酸化炭素の激減が起こった訳である．次に"？2"では，二酸化炭素の排出激増が起こっている．これは，中国の工業化の発展によるものであり，現在においても中国は世界第1位の二酸化炭素排出国である．"？3"では，2009年に放出量が急に下がっている．これは米国が発端となった，いわゆるリーマンショックの影響である．経済が落ち込んだので，人々が物を買わなくなり，これにより工業の生産も落ち込んで，二酸化炭素の放出が減った訳である．これらを見ると，二酸化炭素の放出が人間の活動，特に工業に大きく依存しているのは明らかである．2019〜2022年のコロナ禍では，多くの国々がロックダウンなどの措置を取り，経済活動が停滞した．その影響による二酸化炭素排出量の減少は30億トンと言われ，これは年

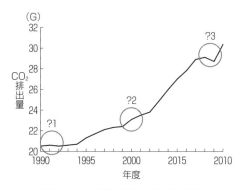

図 3‑2　二酸化炭素の放出量推移

（出所）　IEA Global Energy Review: CO_2 Emission
in 2020 より筆者作成.

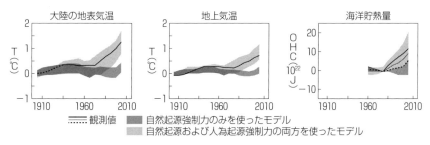

図 3‑3　各種気温及び海洋貯熱量の推移評価

（出所）　IPCC ［2022］より筆者翻訳.

間に日本が排出する二酸化炭素量10億トン/年の3年分である．日本はフラン
スと並んで，世界第4位の二酸化炭素排出国であり，その影響の大きさがわか
る．

　上述の通り，二酸化炭素は自然界からも排出される．次に，全体に二酸化炭
素の内，人為的な二酸化炭素排出が地球温暖化に寄与する影響を図3‑3で見
ていく．これは，IPCC（気候変動に関する政府間パネル）と呼ばれる機関により評
価されたものである．図は，左から大陸の地表温度，地上気温，海洋貯熱量で
ある．地球温暖化の進行と共に，図中の実線が実際の計測値であり，それぞれ
上昇する傾向にある．それに対して，濃いグレーのハッチング領域は人間以外

の自然由来の二酸化炭素排出による地球温暖化効果を示し，薄いグレーのハッチング領域は人間由来の二酸化炭素排出による地球温暖化効果を示す．明らかに，自然由来の地球温暖化効果では，実線の現実を説明できていない．この結果を基に，IPCC では「地球温暖化が人間の活動に由来することは，ほぼ間違いがない」と断定している．本節のタイトル：地球温暖化は人間由来なのか？に対する答えは，YES と言わざるを得ない．

第4節　地球温暖化が将来に与える影響

　地球温暖化は，まず気候に最も影響を与える．ヒートアイランドの影響を差し引いても，気温上昇は免れない．気温が上昇すると，農作物の生育にも影響すると言われ，特に日本を含む低～中緯度の地域では，その影響が大きいと言われる．反面，高緯度地域では恩恵を得る可能性もあると言われる．農作物のみならず，我々の生存には水が不可欠である．雨による降水も，大きな影響を受け，今後水資源の確保が難しくなる地域が増えると見込まれている．また，干ばつと洪水被害が同時に増える事象も想定されている．これは，一見矛盾しているが，雨が降らない時と降る時が極端に振れ，降らない時は干ばつ，逆に雨が降ると上記のゲリラ豪雨のような激しい雨となり，洪水が多発するというものである．これにより，特に農作物の不足，水資源の不足が懸念される．

　次に，より地球規模の現象である台風に着目する．昨今のコンピューターの発達により，地球温暖化の進行と共に，将来の台風の発生に対する影響を評価できるようになっている．すなわち，地球温暖化に伴う地球の平均気温の上昇率を変化させ，台風に与える影響を調べる手法である．その結果，現在の二酸化炭素排出を維持する場合には，2100年には2℃平均温度が上昇し，台風の発生頻度と台風の質に大きな変化が生じることがわかってきた．現在は，世界全体で年間84個程度の台風が発生しているのに対して，2100年の二酸化炭素の放出量の予測値を基に予測した台風の年間発生頻度は55個/年で，現在よりも少なくなると評価されている．これは，一見すると良い事にも思えるが，実は発生する一個一個の台風が，風速60ｍを超えるスーパー台風（写真3-2参照）になると考えられている．スーパー台風は風速が60m/sを超えるもので，その

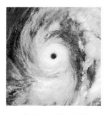

a）スーパー台風　　　　　　　b）洪水　　　　　　　　　　c）土砂災害

写真3-2　スーパー台風の様相

（出所）　a）https://commons.wikimedia.org/wiki/File:20171020_1800Z_HIMAWARI8_ir_25W.tif（Attri-
bution: SSEC/CIMSS, University of Wisconsin-Madison).
b）c）国土交通省［2019］.

風速では人は立っていることすらできない．また，その激しい降雨は大規模な
洪水を引き起こす．現在においては，スーパー台風は発生頻度は少なくても，
その1回当たりの被害は甚大であり，その上陸による損害額は1兆円にのぼる
と言われている．この額は，過剰な見積もりのように見えるが，2018年に近畿
地方に上陸したスーパー台風は大阪や京都を中心に甚大な災害を引き起こし，
日本損害保険協会の発表では，その損害を補う保険の支払い額が1兆円を超え
ており，現実にある危機である．
　また，良く知られる海面上昇も大きな課題である．水の体積はその温度と共
に増大するために，地球温暖化により海水温度が上がると，そのまま海面上昇
を引き起こす．これは，特にツバルなどの島しょ国においては大変な問題であ
り，住む場所が無くなるという危機に直面する．

第5節　地球温暖化対策

　第4節のような深刻な地球温暖化の被害をコントロールするためにも，二酸
化炭素排出の低減が急務である．既に，2008年から，国際エネルギー機関
IEA を中心に，そのような技術を用い，どのようなロードマップで進めてい
くかが議論されている．その一例が，IEA のブルーマップ・シナリオと呼ば
れるもので，**図3-4**に示す．図は2010〜2050年の40年間の二酸化炭素排出量
を見たものである．図の線の外側が何も対策をしない場合の二酸化炭素排出量

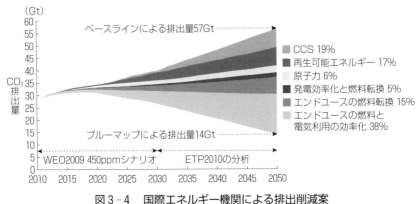

図 3 - 4　国際エネルギー機関による排出削減案

（出所）　IEA［2010］のブルーマップシナリオを筆者翻訳.

の予測であり, 2050年には57ギガトン（1ギガトン＝10億トンであり, 57ギガトン＝570億トンである）になると予測されている. 現在は2022年の中間地点であり, 年間30億トン程度である. すなわち, 2050年までに倍増する見込みであり, 地球の平均温度を 2℃ 上昇させる. この影響は前節で述べた通りである. IEA は2050年の二酸化炭素排出量を2010年時の半分にする, 相当に野心的なシナリオを示した. すなわち, 2050年の目標は14ギガトンである. その方策を図中で色分けして示している. 図から, 再生可能エネルギーの導入増加が削減の17％を占め, 最も期待されている. また, 図中の CCS（Carbon Chaptue & Storage）も19％と高い比率を示す. これは, まだ開発・検証の途上にある技術で, 例えば, 火力発電所から出た排気ガス中の二酸化炭素を分離し, 100％の二酸化炭素にした上で, 地中深く, 或いは海中深くに貯蔵するという技術である. 日本では小規模ながら苫小牧などで実証試験が試みられている. ただし, 大規模な事例はなく, 本当に二酸化炭素排出量削減の切り札になるかは不透明と考える. それ以外にも, 二酸化炭素排出を伴わない原子力発電の利用も重要と考えられている.

　IEA のブルーマップ・シナリオ以外にも多くのシナリオが検討されており, 例えば電力の再生可能エネルギーを100％にするなどの極端なシナリオも検討されている. ただし, これらのシナリオはテクノロジー寄りの対策であり, その他の人間の行動変容などは含まれていないように見える.

第6節　地球温暖化対策が我々の生活に与えるインパクト

　上記の IEA のシナリオは2050年で2010年の半分レベルに低減するものであるが，現在は更に野心的な2050または2060年にカーボンニュートラル実現（二酸化炭素排出ゼロ）に向かって動いている．日本エネルギー経済研究所（IEEJ）の小山によれば，その実現のためのコストは，二酸化炭素排出１トンを減らすのに200\$（28,000円，１\$：140円）必要とされている．上述の通り，現在の二酸化炭素排出は300億トンであるから，840兆円が必要になる勘定である．これらの膨大なコストだけでなく，我々の実生活にも大きなインパクトを与える．例えば，大規模な再生可能エネルギーの導入などに伴い，2060年にカーボンニュートラルが実現した場合，電力料金は現在の３倍になると言われる．例えば，現状，月額１万円程度が３万円になれば，年金生活者を中心に大きな負担となる．

　これらの対策をした場合に，経済にどのような影響があるかは，議論がなされている段階で，明確な結論はない．ポジティブな意見としては，今後のグリーン政策やグリーンディールにより，経済は活性化し，新たな雇用が生まれ，経済成長に寄与するとしている［小山 2021］．反面，ネガティブな意見としては，カーボンニュートラル実現のための膨大なコスト，既存経済システムの変更に伴い，ポジティブな結果は見出し難いというものである．これは，深く突き詰めていくべき課題である．このように，カーボンニュートラルの実現は，我々１人１人に突き付けられた課題であり，その本質，影響を正しく知り，個々人の行動変容も求めている．

　上記の通り，二酸化炭素排出削減は，膨大なコストを強いると同時に，こと経済活動において，世界に大きな分断をもたらす可能性がある．言うまでもなく，先進国は過去において膨大な化石燃料を使用して，発展し，現在の豊かな生活を享受している．他方，後進国においては，高額で希薄なエネルギーしか出さない再生可能エネルギーのみで発展するのは極めて難しい．反面，後進国であるほど，地球温暖化の影響を受けやすい．人間は，すべからく発展し，幸福になる権利を有する．化石燃料の利用で発展した先進国が，後進国に二酸化

炭素排出抑制を強いるのには，大変に難しい構図が存在する．

　また，化石燃料に恵まれた資源国と，非資源国との間でも分断が生じる可能性がある．例えば，中東の多くの国々は膨大な石油埋蔵量を基礎として発展してきた．国民の税金無し，無償教育なども実現されている．しかし，化石燃料を使用しない社会を前提にすれば，国家存立の危機をもたらす．おそらくは，資源国はその利益を手放すことはできない．このように，先進国―後進国，資源国―非資源国間で，カーボンニュートラルを起因とした「新たな分断」が生じる可能性は否めない．これは，国家間のみならず，同じ国内の国民間においても分断が生じる可能性をはらむ．上述の通り，電気代が3万円になっても耐えられる人は，カーボンニュートラルを支持し，そうでない人は支持できない状況を生む．これは，大変に難しい問題である．

　最後に，カーボンニュートラル実現の困難さを食料の観点からも述べる．詳細は，本書の「第15章　人口問題，食の農業」で詳説するが，現在の二酸化炭素排出量の1/3が我々の食品に係るものであることがわかってきた．農業には化学肥料を使うが，それは化石燃料由来であり，またトラクターなどの運転にも化石燃料を使用する．さらに，海外からの輸入，国内で輸送，そのほぼ全てが化石燃料に依存している．カーボンニュートラルを達成するには，食料の安定な供給を作物の生育，収穫，輸送において，どう実現するかも合わせて確立していく必要がある．現在，80億人の人口が近い将来において100億人に達する見込みである．このように，地球温暖化はそれ単体でなく，色々な人類の生存や活動と密接に繋がっている．

第7節　おわりに

　以上，地球温暖化の本質，状況，対策案，それに伴う痛み——温暖化そのものとその対策からの痛み——を述べた．以上を踏まえて，我々がどのように考え，行動していくかを選択していくのは読者自身が決めることである．

　著者自身の考えを図3-5の意思決定マトリックスにまとめる．図の横軸は地球温暖化の有無，縦軸は対策をする，しないである．地球温暖化が無く，何もしないのは，損得無しなのでニュートラル（一）とする．他方，地球温暖化

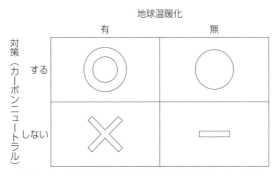

図3-5　地球温暖化対策の意思決定マトリックス

が有り，対策をしない場合は最悪のシナリオであり，将来の子孫に禍根を残すため×である．それに対して，上の「する」場合は，地球温暖化が有り，対策もした場合は，これは人類の英知の勝利——地球温暖化の予測と防止——であり，◎となる．反面，地球温暖化が無くても，対策をすると，それは結果としては，省エネや将来の新技術を生む可能性をもたらす．発展という意味では○と考える．このマトリックスを基に判断すれば，人類全体の利得としては「対策する」が有利と言える．後は，その対策に伴う痛みをどう緩和するのかである．もちろん，異論もある読者もいる筈であり，自分自身の課題，選択として考えてみるべきである．

　最後に，Marchetti- Nakicenovic ダイアグラムと呼ばれる図を**図3-6**に示す．これは，人類が燃料として用いてきた「木材」，「石炭」，「石油」，「天然ガス」他の使用推移を年代でまとめたものである．1860年までは人類の主な燃料と言えば，薪に代表される木材であった．現在においても，後進国では重要な燃料である場合もある．それが，産業革命と共に，よりエネルギーの高い石炭に移行し，1920年代にピークを迎えるまでは燃料の主役であった．それが，第二次世界大戦後の車社会，航空機の到来などにより石油の需要が増え，1980年台にピークを迎える．現在は，天然ガスの時代であり，2030年頃にピークを迎えると予測されている．その先は，まだ誰も知らない．言えるのは，薪→石炭→石油→天然ガスと燃料の主役が移行するのに，50年単位の年月を要している．現在，カーボンニュートラルを2050年までに実現する計画である．本書の執筆

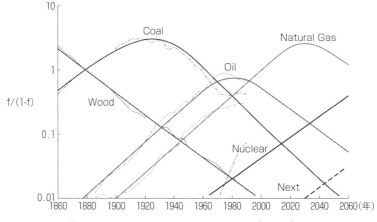

図 3‑6　Marchetti‑ Nakicenovic ダイアグラム
（出所）　Marchetti and Nakicenovic［1979］を基に筆者作成.

時は2022年なので，残り28年である．この短期間において，過去の燃料が経て
きた大変革を実現し得るであろうか？　これは，著者や読者に突き付けられた
課題である．

　地球温暖化の対策は，見てきたように，テクノロジーに偏り過ぎているよう
に見える．対策に痛みを伴うのは，一定仕方のないこととは言えるが，行き過
ぎもまた困難を生む．このような全体感を要求されるカーボンニュートラルに
対応するにはテクノロジー以外の人文，経済，社会などの学問を含む，総合知
が要求されると考える．

参考文献
〈邦文献〉
環境省［2006］「ヒートアイランド現象の実態解析と対策のあり方についての報告書」
　　（https://www.env.go.jp/content/900404532.pdf, 2022年11月20日閲覧）.
国土交通省［2019］「台風第19号等の概要」令和元年台風第19号等による災害からの避難
　　に関するワーキンググループ.
小山堅［2021］「世界のエネルギー転換と脱炭素化に向けた展望と課題」東京工業大学
　　AES センター第14回シンポジウム（11月8日）.
坪木和久［2021］「台風と地球温暖化——我々は何をなすべきか——」『IHI 技報』61(2).
〈英文献〉
Barkley Earth（http://berkeleyearth.org/data/）.
IEA［2010］"Energy Technology Perspectives 2010".

IPCC [2022] "The 6th Assessment Reports".

Marchetti, C. and Nakicenovic, N. [1979] "The Dynamics of Energy Systems and the logistic substitution model," international institute for Applied Analysis.

第4章　日本におけるカーボンニュートラルの取組みと各国の比較

第1節　日本の取組み

　日本ではカーボンニュートラル（CN）実現の取組みの方向性として，① 徹底した省エネルギー，② 再生可能エネルギーの導入による既存エネルギーの非化石化，③ エネルギーのガス化や電化などへの転換の3つの柱を挙げ，それら取組みを推進するために「地球温暖化対策推進法」の改正を行うとともに，「2050年カーボンニュートラルに伴うグリーン成長戦略」の策定などを行い，経済と環境の好循環を創出する産業の育成に取組んでいる．

　具体的には，温室効果ガス排出量の80％以上を占めるエネルギー分野では，再生可能エネルギーや原子力などの脱炭素電源を活用するとともに，エネルギー供給効率の低い石炭火力発電の比率を引き下げつつ，再生可能エネルギーの変動性を補う調整エネルギーとして活用するために，燃料の水素・アンモニアへの転換や CO_2 回収・有効利用・貯留（CCUS：Carbon dioxide Capture, Utilization and Storage）およびカーボンリサイクルによる炭素貯留・再利用により脱炭素化を図ることを取組み方針としている（図4-1，図4-2）．また，上記取組みによっても CO_2 の排出が避けられない分野においては，直接大気回収・貯留（DACCS：Direct Air Carbon Capture and Storage），バイオ燃料 CO_2 回収・貯留（BECCS：Bio-energy with Carbon Capture and Storage）や植林による森林吸収を推進することを目指している．

　さらに，「2050年カーボンニュートラルに伴うグリーン成長戦略」では成長が期待される重点分野として，① 自動車・蓄電池産業，② 住宅・建築物産業・次世代電力マネジメント産業，③ 半導体・情報通信作業，④ 水素・燃料アンモニア産業，⑤ 食料・農林水産業，⑥ 物流・人流・土木インフラ産業，

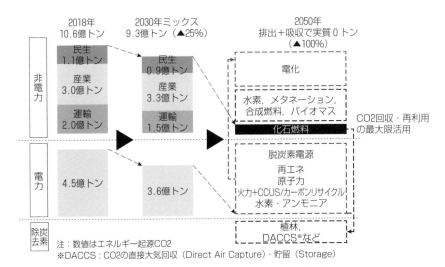

図4-1　2050年カーボンニュートラルの実現に向けたシナリオ

（出所）資源エネルギー庁［2021b］.

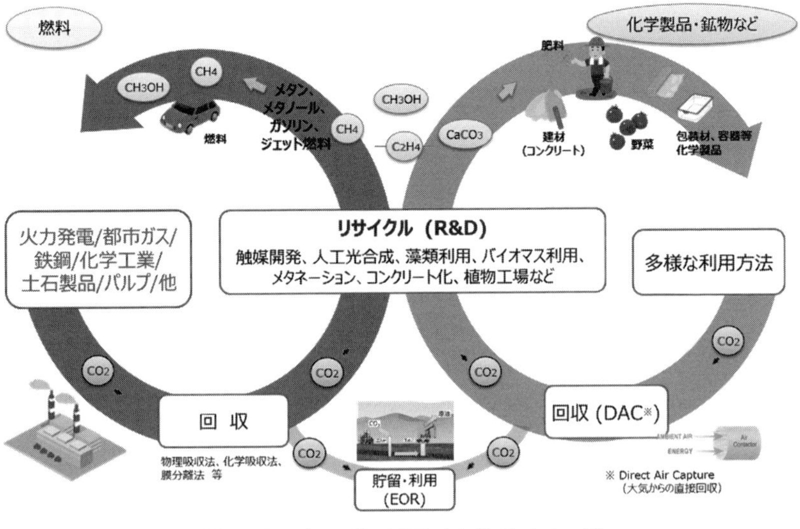

図4-2　カーボンリサイクルのイメージ

（出所）資源エネルギー庁［2021b］.

⑦ 洋上風力・太陽光・地熱産業, ⑧ 次世代熱エネルギー産業, ⑨ 原子力産業, ⑩ 船舶産業, ⑪ 航空機産業, ⑫ カーボンリサイクル・マテリアル産業, ⑬ 資源循環関連産業, ⑭ ライフスタイル関連産業を選定し, ① グリーンイノベーション基金の創設, ② 投資促進税・繰越欠損金の特例などの創設, ③ 新技術の需要を創出するような規制強化や新技術を想定していない不合理な規制の緩和などの規制・制度の整備, ④ 新技術を世界で活用するための国際標準化, ⑤ 金融市場のルール作りによる民間の資金誘導の活性化, ⑥ 国際連携による技術革新の実現や脱炭素社会への転換を支える資金動員に向けた環境整備を推進することを目指している.

第 2 節　先進国および新興国の取組み

2015年に開催された第21回気象変動枠組条約締約国会議においてパリ協定が採択され, 今世紀後半に世界の脱炭素（カーボンニュートラル）を実現し, 世界の平均気温の上昇を産業革命以前に比べ1.5℃ に抑える努力をすること, そのためにすべてのパリ協定締約国（締約国数：192カ国・機関）が温室効果ガスの削減目標（NDC：自国が決定する貢献）を決定し, 提出することが義務となった. これを受けて, 各国で削減目標およびその目標に向けたロードマップの検討がなされてきたが, COP25 終了時点（2019年12月）では, 2050年までの CN を表明した国・機関は121カ国で, それらの国の CO_2 排出量の合計量は世界全体の排出量の17.9％ に過ぎなかった. その後, COP26 に向けて気候変動対策実施に向けた国際的な機運が高まり, 世界の CO_2 排出量の上位 2 カ国の中国, アメリカが次々と CN 目標を表明し, COP26 時点（2021年11月）では, 世界全体の CO_2 排出量の88.2％を占める150カ国以上（G20 のすべての国を含む）が年限付きの CN 目標（2050年までの CN：144カ国, 2060年までの CN：152カ国, 2070年までの CN：1544カ国）を掲げるに至った. COP26 決定文書には, すべての国に対して, 排出削減対策が講じられていない石炭火力発電の逓減（段階的に減らすこと）および非効率な化石燃料補助金からのフェーズアウト（段階的な廃止）を含む取組みを加速すること, 先進国に対して2050年までの途上国の適応支援のための資金を2019年比で最低 2 倍にすることを求める内容が盛り込まれた.

表4-1　各国の削減目標と気候変動政策

国名	世界のGHGs排出量割合(2017)	2030年目標	カーボンニュートラル目標	気候変動政策への取組
中国	第1位：28.2% （約92.5億トン）	-65% ＊2030年ピークアウト，GDPあたりGHG排出 2005年比 ＊国連総会一般討論 （2020年9月）	2060年 ＊国連総会一般討論 （2020年9月）	エネルギー革命を推進し，デジタル化の発展とグリーンモデルチェンジやグリーン低炭素の発展を促進させる.
米国	第2位：14.5% （約47.6億トン）	-50〜52% 2005年比 ＊NDC再提出 （2021年4月）	2050年 ＊バイデン氏公約 （2021年4月）	気候への配慮を外交政策と国家安全保障の不可欠な要素に位置付け，石炭火力発電の段階的廃止，再生可能エネルギーの普及，CCUSの推進や2030年EV/PHV/FCVの50%達成などに取り組む.
EU	第3位：9.8% （約32.1億トン）	-55% 1990年比 ＊NDC再提出 （2020年12月）	2050年 ＊長期戦略提出 （2020年3月）	公平で繁栄した社会への転換を目指した成長戦略として欧州グリーンディールを推進し，雇用の創出とCO_2削減を目指す.
インド	第4位：6.6% （約21.6億トン）	-33〜35% 2005年比 ＊NDC再提出 （2021年10月）	2070年 ＊国連気候変動枠組条約に提出（2021年4月）	①非化石エネルギー容量を500ギガワット，②必要エネルギーの50%を再生可能エネルギーに転換，③CO_2排出量を10億トン削減．④国内外の炭素集約度を45%削減，⑤2070年にCN達成
ロシア	第5位：4.7% （約15.4億トン）	-30% 1990年比 ＊NDC再提出 （2021年11月）	2060年 ＊連邦政府指示 （2021年10月）	製品認証に関する技術規則の見直しや財政・税制上の措置を講じることにより，2060年カーボンニュートラルを達成する.
日本	第6位：3.4% （約11.2億トン）	-46% 2013年比 ＊気候変動サミット等で表明(2021年4月)	2050年 ＊総理所信演説 （2020年10月）	温暖化対策が産業構造や経済社会の変革をもたらし，成長につながるという理念の下で，グリーン社会の実現を推進する.
英国	-	-68% 1990年比 ＊NDC再提出 （2020年12月）	2050年 ＊気候変動法改定 （2016年6月）	世界を新しいグリーン産業革命に導くことを目的として，風力発電・炭素回収・水素発電などのクリーン技術に投資する.
韓国	第7位：1.8% （約5.9億トン）	-24% 2017年比 ＊NDC再提出 （2020年12月）	2050年 ＊長期戦略提出 （2020年12月）	GHG排出量削減を将来の成長の機会ととらえ，カーボンニュートラル戦略を推進する.

（注）　NDC: Nationally Determined Contribution は自国が決める貢献のこと
（出所）　経済産業省資料を一部変更.

　世界全体の CO_2 排出量の50％以上を占める上位 7 カ国・機関の CN 達成に向けた取組みの多くは，CN 社会の実現を新たな成長の機会ととらえ，欧州グリーンディールのように，環境政策の枠にとどまらず，経済・社会政策を含む多面的戦略としての性格を有した取組みとなっている（表 4‑1）．環境政策においては，各国でその達成割合に差はあるものの，① 再生可能エネルギー生産量が需要エネルギーに占める割合を増加させること，② 石炭火力発電の段階的廃止，③ CCUS を含むカーボンリサイクル技術の開発と実装，④ EV/PHV/FCV の普及，⑤ 持続可能な燃料（SAF：Sustainable Aviation Fuel）への転換などに取組むことを主な目標としている．

　社会・経済政策においては，EU ではサーキュラーエコノミーやクリーンエネルギーなどの研究に対する助成，生態系の回復を促進する措置を行うことにより環境の回復だけでなく，社会の繁栄や雇用の創出を目的とした景気刺激策である「クリーンリカバリー」に総事業費として70兆円を，省エネルギーや再生可能エネルギー政策など環境を保護しながら産業構造を変革し，社会の成長につなげる分野である「グリーン分野」にコロナ復興基金35兆円を投入することを 7 月欧州員会で合意している．また，米国では，EV 普及，建築のグリーン化およびエネルギー技術開発などの脱炭素分野に約200兆円を，中国においても EV/FCV の脱炭素化や新エネルギー車の開発などへの補助金として約4500億円（220億元）を投入することを発表している．これら CO_2 排出量の上位国における気候変動対策の主な取組みは，概ね日本の取組みと一致している．

第 3 節　開発途上国の取組み

　パリ協定では，気候変動は，世界全体が一丸となって取組むべき喫緊の課題であることから，先進国，開発途上国を含むすべての国が温室効果ガス排出量の削減に取組むことが合意された．しかし，多くの開発途上国は，資金や人材が不足しており，自国の能力だけで気候変動対策と経済開発を同時に取組むことは難しく，十分な気候変動対策が実施できないという現実がある．特に，島しょ国や後発開発途上国においては，国土の消失につながる気候変動への「適応」のための対策は一刻の猶予も許されない状況であり，国際社会で一致して

気候変動に取組むために，先進国による，気候変動に脆弱な開発途上国への支援が必要である．この開発途上国への支援は，1992年に採択された気候変動枠組み条約においても先進国の義務として開発途上国への資金供与，技術移転，および能力開発が定められている．また，国際エネルギー機関（IEA）の公表した「Net Zero by 2050：A Roadmap for the Global Energy Sector」では，「クリーンエネルギーへの移行は，公平で包摂的（だれ1人残さない）に実行されなければならない．すなわち，現在エネルギーアクセスに困窮している何億人ものアフリカ地域の人たちに電気を供給する必要がある．これらアフリカ地域の人たちが，彼らの人口増加と経済発展の要求を満たす持続可能なエネルギーシステムを構築し続けるのための資金や技術ノウハウを受け取ることができるようにする必要がある．」と記載されており，エネルギー分野における開発途上国支援の重要性が指摘されている．特に，後発開発途上国が多数存在するアフリカ地域では，CO_2 排出量は世界全体の排出量の3％未満であるにもかかわらず，同地域はすでに干ばつ，熱波・洪水などの気候変動の影響を受けていることなどから，CN に向けた対策が喫緊の課題となっている地域である．先進国によるエネルギー分野への支援の方向性としては，① 太陽光発電設備の導入や水素燃料に係るインフラ整備などの再生可能エネルギーの導入への財政支援による非化石エネルギーへの転換，② バイオマスやアンモニア，水素などの混焼技術や CCUS などの技術開発支援による化石エネルギーの低炭素化などがある．

　国際エネルギー機関（IEA）の Africa Energy Outlook 2022（AEO 2022）に示されている「持続可能なアフリカシナリオ（SAS：Sustainable Africa Scenario)」では，アフリカ地域は産業全体の成長，インフラ整備，都市の拡大により CO_2 排出量が増加するが，豊富な天然資源を利用して水素を製造する可能性を持っており，非化石燃料への転換や再生エネルギーの導入によって CO_2 排出量を抑制することができるとしている．特に，バイオエネルギーや農業廃棄物の燃料利用は，比較的投資が少なく，技術が確立されているため，有効である上に，廃棄物による汚染の削減ができると述べている．アフリカの多くの国や都市では，都市化や経済発展に伴って廃棄物の発生量が急増しており，廃棄物がエネルギー源として活用できれば，廃棄物の不適正な処理による環境汚染や公衆衛

生の悪化などの問題の解決につながる．アフリカ地域で発生するすべての廃棄物を焼却処理した場合に得られる電力および埋立地ガス（LFG）を用いた場合に得られる電力は，それぞれ2025年において122.2 TWh および51.5 TWh であると推計されており，現在エネルギーへアクセスできておらず，伝統的なバイオマス燃料に頼っている人を多く抱えているアフリカ地域のエネルギー問題の解決において廃棄物エネルギーの貢献の可能性がある［Scarlat et al. 2015：1282-1283］．廃棄物のエネルギー利用にあたっては，廃棄物の収集率の向上と焼却施設や廃棄物の埋立地の適正な運転管理が必要である．

　しかし，アフリカなどの後発開発途上国では回収・再利用される廃棄物の量は少ないだけでなく，廃棄物の処理場として広く採用されている廃棄物埋立地において，不適正な管理による水質汚濁やメタンなどの発生ガスによる火災の発生に伴う大気汚染問題が深刻化している．このような不適正な埋立地では，厨芥などの分解性廃棄物の嫌気分解に伴うメタン（CH_4）の発生や紙・プラスチック類の燃焼によって一酸化炭素（CO）や二酸化炭素（CO_2）の発生が起きており，温室効果ガスの発生源にもなっている．このため，廃棄物埋立地の適正管理に向けた取組みは，アフリカ地域の人々の生活環境の保全のみならず，地球温暖化対策に貢献し，SDGs の目標の達成に寄与する．

　こうした背景の下，2017年4月に設立された「アフリカのきれいな街プラットホーム（APCC）」では，廃棄物問題の改善に向けたさまざまな支援を通じ，廃棄物に関する「持続可能な開発目標（SDGs）」を達成するための活動が行われている．APCC は，廃棄物処理問題の解決と温室効果ガスの削減に寄与する Co-benefit 廃棄物埋立技術として，福岡大学と福岡市が共同開発した「福岡方式：準好気性埋立技術」を認定し，アフリカ諸国の廃棄物管理のための改善技術として普及を行っている．

第4節　福岡方式による後発開発途上国の GHGs 削減活動

1　世界の廃棄物問題

　環境問題の中でも廃棄物問題は資源枯渇問題，公衆衛生問題，環境汚染問題，貧困問題など，複数の問題に跨っており，早急に解決すべき問題である．特に，

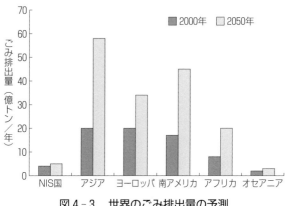

図4‑3　世界のごみ排出量の予測

（出所）　田中ほか［2002］．

アジア，南アメリカおよびアフリカなどの開発途上国では，経済成長と共に，都市部への人口の集中と生活スタイルの変化などにより，廃棄物の発生量が増加（図4‑3）している一方，環境問題の解決のための法制度が確立されておらず，問題の解決のための財源や人材も不足しており，廃棄物問題が社会問題として顕在化している．特に，開発途上国では，財政・人材不足により，資源化や焼却処理などの先進技術の導入は困難であり，排出された廃棄物のほとんどが未処理のまま投棄場又は埋立地と呼ばれる場所に投棄されている．また，廃棄物中には資源となるものがあるため，安定的な雇用が少ない開発途上国では，廃棄物の投棄場で有価物を回収し，収入を得ている者（ウエストピッカー）が多い．この廃棄物の投棄場における有価物回収を家族全員で行っていることが多く，児童労働の場となっている．廃棄物の投棄場の環境は劣悪で，有害物質や病原菌などによる子供たちの病気や死亡の原因の１つとなっている．また，廃棄物の投棄場の管理が悪いために，近年の集中豪雨による大規模崩落事故も発生し，その事故によって投棄場周辺の数百人もの住民が死亡するなどの深刻な社会問題を起こしており，廃棄物の投棄場の改善が急務となっている．

2　福岡方式の開発経緯

日本全国でごみ問題が社会問題化していた昭和43年頃，福岡大学工学部水理

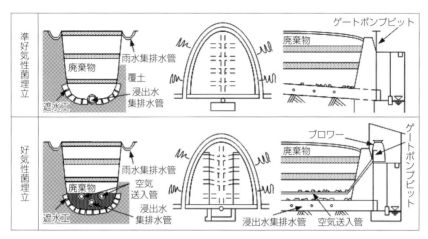

図 4 - 4　好気性埋立構造と準好気性埋立構造の施設概要の比較

衛生工学実験室では，廃棄物層からの汚水の良質化を目的として，廃棄物を充填した埋立模型槽にブロワーで空気を送入するモデル実験が行われていた．この研究を知った福岡市から，廃棄物埋立地からの汚水の農地への流出問題の対応について協力依頼があり，厚生省（現 厚生労働省）の補助金と福岡市の協力の下で，廃棄物層に空気を供給する好気性埋立の実証実験が福岡市の東部地区埋立地の一隅で開始された（図4 - 4）．3年間に亘る実証実験の結果，空気を送入する好気性埋立の効果が確認されたと同時に，空気を機械装置で送入しなくても廃棄物層内の分解熱によって発生する熱対流によって汚水管から空気が流入し，空気を供給した場合と同じように汚水の水質が改善されることが明らかになった（図4 - 5，図4 - 6）．この熱対流による空気の流入は，機械装置による空気の送入を行う好気性埋立に比べて空気の供給量が少ないと予想されたことから，「準好気性埋立構造：Semiaerobic Landfill」と命名された．

　これら研究をまとめた報告書の中の「準好気性埋立」の仮説に注目した当時の福岡市環境局長が，"新設する埋立地に「準好気性埋立概念」を導入しよう"と決断し，本格的な設計事例もなく，実績もない，準好気性埋立地（5ha）が建設された．その後，この準好気埋立構造で建設された新規埋立地からの浸出水の調査が行われ，実証試験結果と同様の水質浄化効果が確認された．この福

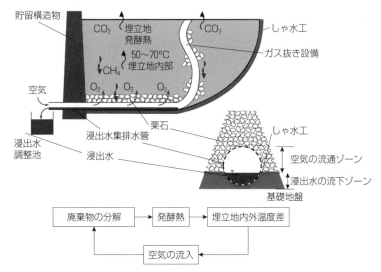

図4-5　準好気性埋立の構造と空気供給メカニズム

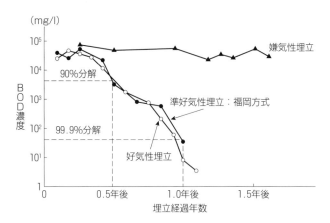

図4-6　廃棄物層からの汚水中の汚濁物濃度の比較

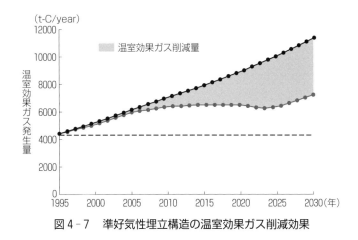

図4-7 準好気性埋立構造の温室効果ガス削減効果

岡市の新しい埋立地の情報を知った神戸市，横浜市，仙台市，札幌市等々が，新規埋立地建設に「準好気性埋立構造」を採用し，水質浄化効果があることを立証した．これら多くの自治体での成果が認められ，「準好気性埋立構造」は，わが国の埋立地の基本構造に採用された．その後，「準好気性埋立構造」は，福岡の地で結実した埋立構造であることから「福岡方式」とも呼ばれるようになった．また，「準好気性埋立構造」は，廃棄物の好気性分解を促し汚水を浄化するだけでなく，メタン発生量を削減すること（図4-7）から，2011年に気候変動枠組条約で規定する「クリーン開発メカニズム（CDM）」技術に認定（AC0093）された．

3 福岡方式の海外展開

　福岡方式は，国連機関（UN ハビタットや UNDP）および日本国際協力機構（JICA）の埋立地改善プロジェクトを通して，海外に技術移転されている．現在，約20カ国で福岡方式が採用されている（図4-8）．さらに，2019年8月に横浜で開催された"第2回アフリカのきれいな街プラットフォーム（African Clean Cities Platform: ACCP）"会合において，ACCP のビジョンである「2030年までに，アフリカ諸国がきれいな街と健康な暮らしを実現し，廃棄物管理に関する SDGs を達成する」の行動指針として採択された"横浜行動指針"におい

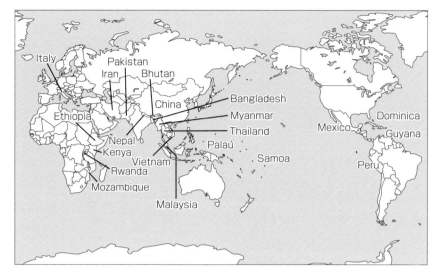

図4-8　福岡方式適用国

て，廃棄物の最終処分場の安全性向上のための技術として福岡方式をアフリカ
地域に普及させることが明記された［山城ほか 2020］．これを受けて，アフリカ
諸国における福岡方式の普及が進んでいる．海外における主な福岡方式の適用
事例を図4-9に示す．

第5節　お わ り に

　上述したように，いずれの国もカーボンニュートラル達成のために野心的な
目標を掲げ，そのロードマップを策定しているが，ロシアのウクライナ侵略に
よりエネルギー価格および物価が高騰しており，ロシア産天然ガスに依存して
いた国々では，エネルギーの安全保障の観点から，エネルギー政策の見直しが
喫緊の課題となっている．カーボンニュートラルの達成の切り札として位置づ
けられているクリーンエネルギーへの転換は，エネルギーの安全保障の解決策
の１つであるエネルギーの多様化にも寄与する施策であり，今後推進される方
向にある．しかし，エネルギーや物品の価格高騰の影響を強く受けている開発

(a)マレイシア国アンパンジャジャ処分場（JICA事業）

(b)サモア独立国タファイガタ処分場（JICA事業）

(c)ミャンマー国ティビン埋立処分場（国連ハビタット事業）

(d)エチオピア国レピ埋立処分場（国連ハビタット事業）

図4‑9　海外での福岡方式適用事例

途上国は財政基盤や人的能力が脆弱なだけでなく，政治的に不安定な国が多く，単に先進国が財源や人材を支援するだけで問題の解決にはならない可能性がある．福岡大学は，国連などの機関の財政支援を受けて開発途上国の廃棄物管理の改善のために技術支援を行っているが，これまで技術支援を行ってきた国において，政策決定者が変わると，改善された管理システムが崩壊し，改善前の状態に戻る問題がたびたび起きており，支援の在り方が課題となっている．このため，支援相手国の政治や人材の能力のレベルにあったロードマップを策定し，きめ細かな支援をしていく必要がある．

参考文献

〈邦文献〉

経済産業省［2021］「2050年カーボンニュートラルに伴うグリーン成長戦略」第12回成長戦略会議資料.

資源エネルギー庁［2021a］「2050年カーボンニュートラルの実現に向けた需要側の取組」第30回総合資源エネルギー調査会省エネルギー・新エネルギー分科会省エネルギー小委員会資料1，経済産業省.

―――――［2021b］「第2章第3節　2050年カーボンニュートラルに向けた我が国の課題と取組」『令和2年度エネルギーに関する年次報告（エネルギー白書）』経済産業省.

田中勝・大久保賢治・石坂薫・高木真・勝部公詩［2002］「世界の廃棄物の量，処理方法，費用の予測と課題」『全国都市清掃研究発表会講演論文集』23.

山城舜太郎・近藤整・下平千恵・小島英子［2020］「国際協力機構（JICA）による開発途上国における廃棄物管理分野への支援――第39回：アフリカのきれいな街プラットフォームの活動――」『環境技術会誌』178,

〈英文献〉

IEA［2021］*Net Zero by2050 A Roadmap for the Global Energy Sector,* France: IEA Publications.

―――――［2022］*Africa Energy Outlook 2022,* France: IEA Publications.

Scarlat, N., Motola, V., Dallemand, J. E., Monforti-Ferrario, F. and Mofor, L.［2015］"Evaluation of energy potential of Municipal Solid Waste from African urban areas," *Renewable and Sustainable Energy Reviews,* 50.

エネルギーの社会受容性

第1節　はじめに——エネルギーの社会依存性

　世界をみると，フランスのように原子力が電力供給の大半を占める国がある一方で，ドイツのように国内で豊富に取れる褐炭を利用した石炭火力発電や良い風況を利用した風力発電をベースにしている国もある．スウェーデンは水力資源が豊富なため，水力がベースロード電源となっている．加えて，原子力やバイオマスも導入されており，バイオマスはベースロード電源として位置づけられている．ただし，原子力は国内での論争が続いており，政権が変わると位置づけも変わっている．つまり，原子力は代替可能な電源という位置づけである．

　このように，人々がエネルギー選択を考える場合，まず自然的制約がある．住んでいる国が，石炭が豊富なのか，石油が豊富にとれるのか，広大な土地があって太陽光がさんさんと降り注いでいるのか，広大な土地があって一年中，風がそよそよと吹いているのか，こうした住んでいる場所の条件によって，エネルギー供給は制約を受けてきた．

　また，欧州では，送電線ネットワークによって，いざというときは，欧州の他の国から，輸入ができる．こういう国では，電源の選択肢の自由度が増し多様な政策選択が可能である．ドイツの脱原発で言えば，チェルノブイリ原子力発電所事故のあと，ドイツは7基の原子力発電所を即時停止した．その足りない部分は，風力と太陽光で3分の2を，他国からの輸入で3分の1を賄ったとされる［熊谷 2012：221］．

　他方，フランスは，石炭資源はなく水力もベースロードになるほどの供給量はなかった．そして，最初に固有の技術として原子力が開発，導入されたとき，それがフランスのベースロード電源として位置づけられた．すなわち，フラン

スには，自然や自国資源に頼るエネルギーはなかった．このように，地理軸の考え方においては，エネルギー資源の存在，インフラ，固有技術などが大きく影響しており，複数のエネルギー源を選択できる国とそうでない国があることがわかる．エネルギー供給の強靭化のためには，エネルギー選択をできるだけ多様化しておくことが極めて大切である．

また，技術の進歩によって，自国にエネルギー資源がない国であっても，資源を輸送するということによって，エネルギー調達が可能となった．ただし，その輸送には，パイプラインや大型タンカー，荷揚げ施設など巨大なインフラを構築する必要があり，いったん構築したエネルギー供給設備は，容易に変換できない状況にもなっている．

例えば，石油の巨大なインフラがある．石油産業は，石油を運ぶための3000隻の巨大タンカーを動かし，50万 km のパイプラインを張り巡らし，それらの資産価値は5兆ドルに達する [Hilyard 2008]．国内では3万カ所のガソリンスタンドを設置している．ちなみに，EV 用充電スポットは約2万カ所，水素ステーションは約150カ所である．

つまり，エネルギーは，大きなインフラ産業となっており，そうしたインフラ整備には巨額の資金と時間がかかるので，急な転換がしにくくなっている．ドイツが，ガスをロシアから他国に調達先を変えようにも，巨大な LNG 施設の建設を待たねばならない．

こうして確立したエネルギーの供給構造のゲームチェンジを引き起こした過去の事例として石油ショックがある．ゲームチェンジャーとは，その出現によって，エネルギーをとりまく社会が変わってしまうことを言う．石油ショックによって，石油の値段は，高騰し，石油に依存していた世界経済は大きく落ち込むことになった．1973年に8300円 /kL だった原油価格は，1979年に3万3500円 /kL（名目円建て CIF 価格）に高騰した．これによって，世界各国は石油に依存する世界から脱却を迫られた．スウェーデンは，石油へ大きく依存していたエネルギー供給を国内で産出する木材を原料とするバイオマス利用へシフトした．このため，エネルギー課税を強化し，バイオマスの経済性を高める政策をとった．石油にエネルギーの大半を依存していた日本も，同様に困難に直面したが，日本は，天然ガスと原子力へシフトさせた．1970年の一次エネル

ギー供給では1.2％だった天然ガスは，1990年には，10％に上昇し，原子力発電も0.3％から9.4％に上昇した．ちなみに石油は，72％から58％に低下した．

　石油ショックは，大きなエネルギー転換を進めたが，アメリカのシェールガスのように，技術の進歩がエネルギー構造を変えてしまう事例もある．シェールガスは，アメリカ南部で産出されるもので，アメリカにエネルギー革命をもたらした．シェールガスの生産は，2008年から始まったが，2000年にガスに占めるシェールガスの生産割合は2％であったのが，2012年は37％になった．シェールガスの採掘技術は，水圧破砕法と水平掘削法という2つの技術がシェール層に利用可能になったとき，花開いた．シェールガスは，頁岩の中に存在するので，頁岩を破砕して，ガスを貯留層まで移動させねばならない．また，水平に掘削することによりより多くの範囲を掘削することになり回収量が増大する．これによって，アメリカはサウジアラビアを抜いて世界最大の石油とガスの生産国になった．さらに，シェールガスは非常に安価であるため，シェールガスから作られる化学原料のナフサも安価である．サウジアラビアにおいて石油から作られるナフサの半分以下の価格が可能ともいわれる．このようにアメリカは石油ガスの輸入国から輸出国に代わり，CO_2排出量も大幅に削減された．このように大きな変革の歴史がある．詳細は堀・黒沢［2016］に詳しい．

第2節　気候変動対応への社会受容性

　現在起きているエネルギーの第二のゲームチェンジャーは，気候変動である．なぜなら，それまでは，安くて使いやすい，というエネルギーの特性が，炭素含有量という基準で測られることになったわけである．

1　炭素税の効果

　エネルギー選択を行う場合，炭素含有量でそれが決定されると，炭素税や排出量取引といった手段によって，市場を活用した政策選択が行われることになる．

　炭素税は，非常に分かりやすい概念である．炭素税は，二酸化炭素を排出する化石燃料に課税することによって，それらの使用量を減らしたり，他のク

リーンなエネルギーに変えたりすることを狙っている．炭素税は，経済活動全般に影響を及ぼすことができるので，欧州の各国は炭素税の課税強化を強く主張している．炭素税は，広く対策を実施できることに加え，税という手段で人々にアナウンス効果が期待できる．また，排出権取引では価格が不安定であるのに対し，税額は一定であるので，価格の安定性があるということがある．

　逆に炭素税の欠点としては，第一に，気候変動に有効な対策として，化石燃料の消費量を減らすには，相当な金額の税金をかける必要があるということである．現在，IEA の試算では，石炭がコスト的に他のエネルギーに代替していくためには，CO_2 1トンあたり1万円近い課税をする必要がある．これは，現在の石炭価格を2倍以上に引き上げることを意味する．しかし，今の石炭価格を2倍にするということが，社会的に許容できるのか，難しい問題である．途上国において，エネルギー価格の引き上げは，貧困層の生活コストの上昇に直結する課題であり，政治的に，極めて困難な課題である．

　また，炭素税はいわば重量税である．つまり，逆進性があり，所得が低い人ほど重税感が生じてしまう．したがって，炭素税をかけるには，所得格差を拡大させる可能性があることが指摘されている．さらに，実体的な化石燃料の削減に結びつくようなレベルの税額の導入は実際には難しいし，実現可能で有効な削減に結びつく税のレベルの算定も難しい．すなわち，炭素税を導入しても，その結果，どの程度 GHG の削減につながるのか，正確には見通せないという問題がある．

2　社会の変化への価格の役割

　炭素税は，気候変動に対応して電力供給構造や企業の製造方法を変えるために価格という手段を使う政策である．他方，価格を手段として用いる方法は，炭素税以外の方法もあり，どのように価格手段を使うかによって効果が異なってくる．

　価格を使う方法には，①外部性に着目した炭素税，②内部のプライシング手法であるインターナルカーボンプライシング（ICP），③取引に着目した排出量取引や個別の取引における環境価格，の3つの手法がある．このうち，①炭素税が広く提唱されているのは，政府によって行われる政策であり，公平性，

安定性があるとみられているからである．他方，企業の自主性から効果的な
(つまり，企業が望む方法でポートフォリオの変化ができる)のがインターナルカーボ
ンプライシングであるが，これは企業の自主性にゆだねられている．

　また，企業間の取引において排出の権利を取引する排出量取引，企業間の商
取引において環境価値を付加する取引形態がある．

　これを電力価格についていえば，① 化石燃料に課税することによって火力
発電のコストを上げる（火力の使用率を下げる），② 電力内部で火力発電の投資コ
ストを上げることによって，火力発電の新規建設を抑制する，③ 電力の販売
価格に，再エネの環境価値を踏まえた値付けをする（再エネを導入を加速する）と
いう効果がある．

　また，製造過程で化石燃料をつかう産業で言えば，① 化石燃料に課税する
ことにより，化石燃料からシフトする，② ICP によって，新しい製造方法の
開発の投資インセンティブを高める，③ カーボンニュートラル製品への環境
価値を付加する（製品ごとの GHG 排出量ラベルといった方法で開示し，購買を促進す
る）という効果が生じる

　このように，価格をどのように使うかによって，行動の変化が期待される．
価格という手段を使う場合にも，どのような行動変化を促すことが目的なのか，
を考える必要がある．

第3節　エネルギーと社会受容と認知バイアス

　第1節では，エネルギーの選択は，その国の自然条件，資源賦存状況などか
ら決まってくることを示した．また，エネルギー資源が多様な国は，政策選択
でエネルギーを選べる可能性を示した．では，政策選択，すなわち，人々の意
思によってどのようにエネルギー選択を行うのが好ましいのであろうか．エネ
ルギー選択で，大きな論争となる意見対立の原因を事例にみてみよう．

　エネルギーの選択に関する人々の意思は，どのように決定されるのであろう
か．人々の意思は，科学的リスクだけに基づいてきめられるだけではなく，人
の判断には，バイアスが存在することに留意しなければならない．もっとも，
重要なバイアスは認知バイアスである．

　認知バイアスは，ノーベル経済学賞を受賞したカーネマンによって提唱され，スロビッチなどにより多くの実証研究が示されている．認知バイアスが示すことは，人々が認識するリスクは，実際のリスクとは異なるということである．そのような齟齬が生じる原因は，ヒューリステック理論，すなわち，大きな記憶に残った事象を過大に評価してしまう傾向にあると説明される．鈴木宏昭は，これをいろいろな事例で説明している．例えば，アメリカ人にイスラム過激派によるテロの死者と芝刈り機による死者の数を尋ねると，前者が多いという回答が圧倒的である．しかし，実際は，後者が前者の5倍多い．これは，2001年におきた貿易センタービルへの旅客機の激突（いわゆるアメリカ同時多発テロ事件）の記憶が強いため，イスラム過激派によるテロの死亡者がとても多いと錯覚するため，と解説されている［鈴木 2020：39］．このテロで3000人が亡くなったが，この後飛行機をやめて車に移動手段を変えた人が多かったため，交通事故死亡者はその前の年と比べて1600人増加したという［鈴木 2020：40］．同様な認知バイアスは，少年犯罪による死者が増えているかどうかという質問でも生じている．実際には，少年犯罪による死者は減っているか少なくとも増加はしていないが，多くの人は増加していると認識している（内閣府の調査であれば，2015年の調査で8割の人が少年による重大な事件が増えていると回答している）．これは，例えば1997年に神戸連続児童殺傷事件とその後繰り返される報道によってこの事件が強く記憶に刻まれる（これをリハーサル効果という）からと言われる［鈴木 2020：45］．また，強く記憶に刻まれると，それが正しいという確信につながり，これが確信バイアスというものにつながる．

　確信バイアスは，いろいろなところで指摘されている．例えば，アメリカでは，共和党は，一般に環境保護政策に反対する人が多い．しかし，共和党が強い南部地域は石油開発や関連産業で，環境が汚染された地域であることが多く，そういう人々は環境保護に熱心なはずである．しかし実際は，そうした人たちが環境保護の強化に反対しており，その原因を A.R.ホックシールドは，共和党に投票する多くの人たちが政府の政策を信頼していない，また，環境保護が厳しければ厳しいほど雇用は減少すると指摘している［ホックシールド 2018：364］．

第4節　原子力発電の社会受容

1　原子力発電に関する世論

　原子力発電は，リスク管理の考え方で安全性を高めることはできる．しかし，リスクはゼロにはならないので，原子力発電の事故リスクは存続する．そして原子力発電リスクを評価する際，先に述べたような認知バイアスや確信バイアスによって，人の意思は大きく左右される．

　原子力発電の安全性を科学的に証明したとしても，その安全性の証明が理解されない，あるいは，メリットを感じられなければ，原子力発電の社会的受容性は不透明である．

　NHK が2013年に行った世論調査では，原子力発電所の再稼働に，賛成の人が16%，反対36%．どちらともいえないが46%であった．また，安全基準や対策を強化すれば安全なものにできると考える人とそう思わない人はともに48%で拮抗していた．しかし，新規制基準を適用したとしても再び事故が起きるだろうと思う人が7割，国の安全対策は信頼できないと思う人が6割もいた［NHK放送文化研究所 2013］．これは，まだ国民が原子力発電の安全性や必要性について，判断がつかなかった状況であると推定される．

　近年の世論調査結果を見てみると，原子力を肯定的にとらえる人の割合が増えている．例えば，読売新聞が2022年8月に行った世論調査によれば，規制基準を満たした原子力発電所の運転再開については，「賛成」58%が「反対」39%を上回り，同じ質問を始めた2017年以降，計5回の調査で初めて賛否が逆転した[1]．

　朝日新聞が2022年2月に行った世論調査においても，今停止している原子力発電所の運転再開に「賛成」は38%（昨年2月調査では32%），「反対」は47%（同53%）だった．原子力発電所事故後，毎年同じ質問で調査をしているが，「反対」が半数を割ったのは初めて．「賛成」は年々増え，過去最高となったと報じられている[2]．

　2022年の世論調査において，原子力の運転再開に賛成する人が増え，反対する人が減少した，ということについては，人々の福島原子力発電所事故の記憶

が薄れつつあること，また，気候変動や電力の安定供給に対する不安がより増加している，と言えるかもしれない．

2 原子力発電に対する2つの意見

この節では，原子力に対する，対局をなす2つの意見をまず見てほしい．まず，福井県の西川知事が2013年の総合エネ調で述べた意見を紹介する［総合資源エネルギー調査会 2013］．

> 「・既に原発停止に伴うLNGや原油などの化石燃料の輸入により，2011年10月まで16カ月連続で貿易赤字を続けている．こうした国富流出が恒常化し，電気料金の高止まりが続けば，企業の海外流出，雇用の喪失等が生じ，国民生活の安定や産業の発展にも影響が出る．また，立地地域としては原発の方向性が明確に示され，安全性が確保されることが何よりも重要である．国は現在の状況をいつまでも続けられないことを国民にしっかり説明すべき．」

すなわち，原子力発電がないと日本経済が立ち行かなくなるという認識をもって，原子力発電の利用は不可避であると，述べている．

他方，大飯原子力発電所3，4号差し止め訴訟における福井地裁判決（2014年5月）は，以下の通り述べている．

> 「新しい技術が潜在的に有する危険性を許さないとすれば社会の発展はなくなるから，新しい技術の有する危険性の性質やもたらす被害の大きさが明確でない場合には，その技術の実施の差止めの可否を裁判所において判断することは困難を極める．しかし，技術の危険性の性質やそのもたらす被害の大きさが判明している場合には，技術の実施に当たっては危険の性質と被害の大きさに応じた安全性が求められることになるから，この安全性が保持されているかの判断をすればよいだけであり，危険性を一定程度容認しないと社会の発展が妨げられるのではないかといった葛藤が生じることはない．原子力発電技術の危険性の本質及びそのもたらす被害の大きさは，福島原発事故を通じて十分に明らかになったといえる．」

　上記の判決は，原子力発電所事故の被害をみれば，社会の発展が妨げられるという観点は，考慮しなくても良いと述べている．つまり，原子力発電はデメリットが非常に大きいので，社会の発展といったメリットを超えてしまう，という判断である．このように両者の判断は真っ向から対立している．この対立を解消するためには，

　　1）原子力のメリットとデメリットを定量的に評価すること．
　　2）原子力廃止という政策選択が果たして可能なのか，という評価を行う
　　　こと

が必要であろう．

　なぜなら，前述の NHK 世論調査において，「原発の安全対策の説明を受けていないと思う」人が 7 割以上もいること［NHK 放送文化研究所 2015］，また，「エネルギー政策についても分かりやすい情報があれば，一般の人でも理解できる」と思っている人が 7 割近くに上っている［小杉 2014］．すなわち，国民も的確な情報提供があれば，正しく原子力発電について判断できると考えているということである．今後も，この 2 つの問いに対して，データの積み重ねなどで，情報を集約していくことを進めなければならない．

第 5 節　再生可能エネルギーの社会受容性

　カーボンニュートラルの達成には，再生可能エネルギーの大量導入が必要であることはだれも疑問を呈しないであろう．しかしながら，最近のメガソーラーの大量導入による，自然破壊や土砂災害などが発生し，それらが大々的に報道されるため，再生可能エネルギー，特に太陽光発電に対する社会受容性に懐疑的な意見も増えている．これも認知バイアスの 1 つであろう．

　また，風力発電についても，2022年に山形県蔵王近くで関西電力が計画した風力発電建設計画が地元の反対で断念に追い込まれるなど，社会受容性の課題が顕在化する事象が生じている．山形の事案は，景観に関する反対であったが，風力発電の立地に反対する理由は，低周波や騒音なども多い．現在，大規模な洋上風力発電が計画されている秋田県において，洋上風力に反対する住民署名

が1万人以上も集まったことがあり，洋上風力であっても社会受容性は自明ではない．この原因は，地域における洋上風力の建設に関するメリットが感じられないから，という課題に起因している．再生可能エネルギーについても大量導入に伴い，そのメリットやリスクを定量的に示すことが必要となってきている．

第6節　お わ り に

2011年の東日本大震災及び福島第一原子力発電所の爆発事故は，東京電力管内の大規模な電力供給不足を引き起こした．そして，この2011年を境に，エネルギー選択は，専門家が考えればいいという時代から，電力の消費者も含めた関係者が一緒に考える時代に変わった．

そのような専門家でない人々が政策決定にかかわる時代にあっては，バイアスの影響も考慮しながら，リスク，メリット，デメリットを定量的に検討し，提示していくことが求められると言えよう．

注
1）　読売新聞，2022年8月21日.
2）　朝日新聞，2022年2月3日.

参考文献
〈邦文献〉
NHK放送文化研究所［2013］「原発とエネルギーに関する意識調査」.
―――― ［2015］「高浜原発の再稼働に関する調査」.
熊谷徹［2012］『脱原発を決めたドイツの挑戦』角川書店.
小杉素子［2014］「環境・エネルギー問題に関する世論調査」電力中央研究所報告
　　　Y14004.
鈴木宏昭［2020］『認知バイアス』講談社.
総合資源エネルギー調査会［2013］「基本政策分科会議題に対する意見」基本政策分科会
　　　第11回参考資料5.
ホックシールド，A. R.［2018］『壁の向こうの住人たち――アメリカの右派を覆う怒りと
　　　嘆き――』岩波書店.
堀史郎・黒沢厚志［2016］『エネルギーの読み方』共立出版.
〈英文献〉
Hilyard, J. ed.［2008］*International Petroleum Encyclopedia*, PennWell Corp.

第6章

電力システムの現状と課題

第1節　はじめに——使いやすい電気エネルギー

　電力は非常に使いやすいエネルギーである．照明器具のスイッチを ON にすれば，照明器具が壊れていない限り，照明が点灯する．同様に，スイッチON でエアコンが起動し，室内を快適な温度に設定してくれる．もちろん，スマートフォン，ノートパソコンも電力供給されて起動している．毎年のように，鉄道の駅の改札やお店の受付などあらゆるところで電化，自動化が進んでいるが，大抵の場合，このような自動化には電気機器が使われ，人の作業を代替している．電気機器も年々進化し効率的なものになっているが，電気機器の使用数も増大している．その結果，日本の電力の総使用量は2008年ころまで年々増加し，それ以降はやや減少気味であるが現在ではほぼ1兆 kWh 付近である．

第2節　電力システム

　照明器具のスイッチを ON したときに照明器具から光が発するということは，照明器具により瞬時に電気エネルギーから光エネルギーが生成されたといえる．電池・蓄電池以外をのぞけば多くの場合，照明を点灯した電力は，使用すると同時に，発電所から送電線・配電線を伝わり，照明器具のところに瞬時にやってきたのである．

　現在，多くの発電所では電圧を容易に変えることができる交流電力が発電されている．図6-1 に示すように，変電所で電圧を変えて，消費地まで送電している．超高圧変電所では500 kV あるいは275 kV から154 kV に電圧を降下させる．同様に，1次変電所では154 kV から66 kV へ，中間変電所では66 kV か

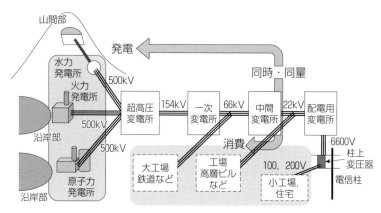

図6-1　発電された電力が消費されまでの送配電のモデル

ら22 kVへ，配電用変電所では22 kVから6600 Vに降圧し，電信柱の柱上変圧器で200，100 Vに降圧されて，一般家庭に供給されている．大口の工場などはその途中の高い電圧で供給されている．

　現在，多くの発電所では電圧を容易に変えることができる交流電力が発電されている．図6-1に示すように，500 kV，275 kVの高電圧での送電，変電所で数回の電圧降下により，消費地近くでは6600 Vで配電され，消費者に効率的に運ばれている．このように発電所・消費者，および送電線・配電線により結びつけられたシステム全体を電力システムという．この電力システムは，工業化の進展，人口増，都市化に伴い，複数の発電所がつながり，また多数の消費者とつながり，電力を伝送する伝送網は複雑化している．

　平常，電力は使いたいときに使えるが，発電所・変電所が落雷などにより稼働の停止，あるいは低下により電力供給が止まってしまうこともある．落雷などの事故が起こらない限り電力供給・輸送はうまくいくのかといえば，そうとも限らない．電力システム全体として，電力消費量が発電所での発電量を超えてしまえば，通常60 Hz（日本東部では50 Hz）で送られてきている周波数が低下し，さらにはブラックアウトと呼ばれる電力網全体で電力供給が止まり，消費者が電気を使えなくなる事態にまでに発展する可能性もある．実際に起こったこともある．また，電力供給量が多ければ多いほどよいのかといえばそうでは

ない．電力供給量が電力需要よりも大きくなりすぎた場合には，周波数が上昇し，消費者の機器に不具合や損害を与える可能性もある．それゆえ，各発電所での発電量の総計である電力供給量は，必ず，電力消費量を鑑みながら，電力需要とほぼ同量，あるいは少しだけ大きくなるように，発電量を調整している．

　現在，再生可能エネルギーによる発電の導入，送配電と発電の部門の分離を含めた電力の自由化がはじまり，この電力システムに大きな転換点を迎えている．

第3節　電力需要と電力供給

　1日24時間の間で，人間の活動は寝る，起きて働くなど時刻とともに変わり，それとともに，電力使用量も変わる．電力使用量は夜に少ないが，お昼頃から夕方にかけて，電力使用量は多くなる．30年前と比べれば，夜間電力をうまく利用することができるようになってきたため，この昼夜の電力需要の差は近年小さくなってきている．例えば，深夜電力を用いて昼間に必要な湯を沸かしておく給湯設備の導入が一般家庭にも進んでいることからもわかる．図6-2に示すように，電力需要は1日の中で時々刻々変わっている．これに対応して発電量を変えていかねばならない．この電力需要の変化に対応して，さまざまな発電方法を組み合わせて電力を供給している．

　1日中ほぼ変わらない電力を発生させる発電方法として，原子力・石炭火力・流れ込み水力・地熱による発電などが挙げられる．原子力発電は，ウラン235，プルトニウムの核分裂の際に発する熱エネルギーにより蒸気タービンを回して発電する．発電量の出力調整は原子炉での核反応の制御を伴うので難しく，出力一定の発電が望まれる．石炭火力発電は石炭の燃焼で発生した熱で発電するものである．石炭は他の燃料よりも低コストであるというメリットはあるが，石炭の燃焼を用いるため燃焼ではCO_2が排出されてしまう．その上，始動・停止に時間がかかるため一定出力の運転に使われる．流れ込み水力とは貯水池の水を使うのではなく，絶えず流れている河川の水を利用してタービンを回して発電するものである．これらは，概して低コストで出力一定の発電ができるため，電力供給のベースとして使用でき，「ベース負荷電源」と呼ばれ

電力需要に対応した発電方法の組合せ

最小需要日(5月の晴天日など)の需給イメージ

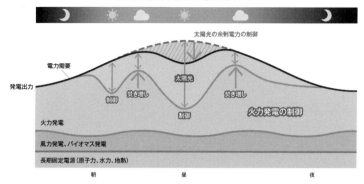

電気を安定して使うには、常に発電量(供給)と消費量(需要)を同じにする必要があります。
そのため、再エネの出力の上下に対応出来る火力発電などで、発電量と消費量のバランスをとる必要があります。

図6-2　1日の電力需要・供給の変化

（出所）　日本原子力文化財団「原子力・エネルギー図面集」.

図6-3　揚水式水力発電の概念図

る．風力・バイオマスなどの再生可能エネルギーは1日を通じて発電され，さらに発電量が少ないこともあり，流れ込み水力と同様にベース負荷電源と考えてよいであろう．

　電力需要の変動に対応して出力を変える発電方法としてガス火力があげられ，「ミドル電源」と呼ばれる．ガス火力は石炭火力に比べれば起動・停止が比較的容易である．図6-2では火力発電は，太陽光発電の出力変動や需要の変動に対応しているが，変動に対応している部分を担っているのがガス火力であり，一定部分は石炭火力によると考えられる．図6-2では掲載されていないが，

さらなる需要変動に対応するもの，すなわち短時間のピーク時にのみ必要な電源などは，「ピーク電源」と呼ばれ，揚水式水力，石油火力による発電があげられる．揚水式水力発電とは，**図 6 - 3** に示すように，高低差のあるところで高地と低地にそれぞれ貯水池を造り，電力需要が減少し供給電力が余った余剰電力により水をくみ上げ，電力需要が増加し供給電力がひっ迫してきたときに高地の貯水池にたまった水を低地の貯水池に落とすことにより発電をするものである．

　安定的なエネルギー供給は経済成長につながり，現代社会には必須事項である．一方，カーボンニュートラル，CO_2 排出制限が求められる現代では，環境に配慮した発電も求められる．電力供給においては「エネルギーの安定供給（Energy Security）」「経済効率（Economic Efficiency）」「環境（Environment）」が必要であり，これまではこの 3 点が考慮されてエネルギーが開発・利用されてきた．もちろん，この 3 点を同時に成り立たせることは難しい．環境に配慮した再生可能エネルギーを主なエネルギー源とすると，電力の安定供給は難しくなり，その結果，経済成長が抑制されてしまうと容易に予想できる．現在では，「安全性（Safety）」も加味して考えられるようになった．この 4 つの視点（3E＋S）は，各種発電方式による電力供給を考える上でも，重要となる．これらのことを考慮してさまざまな発電方式をうまく組み合わせて電力を供給することを「ベストミックス」という．

　今後の課題ではあるが，**図 6 - 2** で火力発電が変動にして対応している上に，変動していない多くの部分も火力発電が担っている．現在稼働していない多くの原子力発電が再稼働すれば，変動しない部分のほとんどを原子力に担わせることができ，CO_2 排出削減にも大きく貢献できる可能性がある．

第 4 節　再生可能エネルギー・太陽光発電とその普及

　2011年の東日本大震災での福島第一原子力発電所の事故を契機に，いわゆる「再生エネ特措法」が成立した．太陽光発電・風力発電などの再生可能エネルギーを利用した電力を電力会社が固定価格で買い取る（FIT）ことになった．再生可能エネルギーは，CO_2 排出規制など環境に調和した持続可能な発展を目

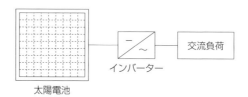

図6‐4　太陽電池からの交流の発生の概念図

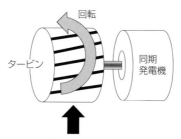

図6‐5　タービンを回して発電
する同期発電の概念図

（注）　同期発電機は決まった周波数で発電.

標（SDGs）に適する発電としても注目に値する．この制度では，再生可能エネ
ルギーを利用した発電施設の設置が早いほど，そこで生産される電力の買取価
格が高く設定された．その結果，この制度の導入当初より再生エネルギーによ
る発電施設，とくに太陽光発電施設の導入が進んだ．個人宅の屋根に数枚の太
陽電池パネルが設置されたり，工場の屋根や工場内の敷地のほか田畑や山林を
整備して太陽電池パネルが大量に設置されたりしている例を日本中で多く見ら
れるようになった．

　太陽光発電は太陽電池により発電を行うもので，図6‐4に示すように，太
陽電池とは半導体のpn接合を利用した半導体デバイスである．そこでは，pn
接合で太陽光により生成された電子正孔対が分離されて（正負の電荷が別々に移
動することにより），直流電力が取り出せる．すなわち，太陽光エネルギーを電

気エネルギーへと変換している．太陽電池はあくまでも直流電力を発電するため，発電した直流電力をインバーターなどの直交変換素子（装置）により，電力会社が供給するのと同じ60 Hz（日本東部では50 Hz）の交流に変換して供給している．一方，従来の水力発電・火力発電・原子力発電では図6-5に示すように，タービンを回して60 Hz（日本東部では50 Hz）の電力を発電している．これは同期電源と言われている．同期電源は互いに周波数を保とうとする効果（慣性力）があるといわれている．太陽光発電による電力はその効果がないため，太陽光発電による電力が増えすぎた場合に電力システムに与える影響が懸念されている．

　太陽電池は半導体素子であるゆえ，太陽電池パネルの作製コストも高価となり，製造工程においてもCO_2は排出される．一般的に，太陽電池パネルは15年程度メンテナンスフリーで故障することも少ない一方で，インバーターなどの電力変換素子は経年劣化による故障が生じ，メンテナンスが必要となることが多い．結果として，太陽電池の設置・運用は高価になる可能性もありえるし，当然のことながら太陽電池パネルや関連部品の製造ではCO_2を排出されてしまう．しかし，他の発電方法で建設から運用上で発生するトータルのCO_2量よりも，太陽光発電で排出したCO_2のトータルの発生量が少なければ，CO_2削減が求められている現在では大きな意義が見出せる．

　太陽光発電は昼間でも太陽が出ていない，雨や曇りの時には，発電量が減ってしまうなど自然の影響を受けやすい．そればかりか，暴風雨などにより太陽光パネルが倒壊し故障につながることもありえる．再生可能エネルギーによる発電の多くは自然の影響を受けやすい．

第5節　太陽光発電量の増大

　再生可能エネルギーによって発電された電力は，他の方式で発電された電力と同様，電力網を通じて各所に伝送される．それゆえ，電力供給には再生可能エネルギーによる発電量を見込んで，他の方式の発電量（供給量）を制限・調整しなければならない．特に，太陽電池は昼間，正午頃を中心に発電量が増加する．もともと，昼間の電力消費量は大きいため，ピーク電源の代わりになる

などの利点はある．現在では，太陽電池による発電量は増大し，春・秋の冷暖房があまり必要ではなく電力需要がそれほど大きくない，よく晴れた日の正午近くでは，図6-2に示されるように，昼の電力供給量が電力需要を大きく上回ることがある．太陽光発電の発電出力が大きくなりすぎた場合には，太陽光発電の出力制限の措置が取られ，電力の需要と供給のバランスが守られる．現在のところ電力は貯められないため，この措置が必要となる．もちろん，現在ではスマートフォン，ノートパソコン等には充電機能があり，実際に電力用蓄電池の運用もみられるが小規模なものに留まり，大容量の電気を貯められないのが実情である．現在のところ電力を貯蔵する方法として有力な方法は，ピーク電源のところで紹介した揚水式水力発電である．低地の貯水池から高地の貯水池に水をくみ上げる揚水動力として，太陽電池によって発電した電力を使うことができる．ただし，この揚水動力を使うにしても限界があり，太陽光発電の出力が大きすぎる場合には，大規模事業者を中心に出力制限をせざるを得ない．

また，太陽光発電による余剰電力を日本全体あるいは広域で使うという方法もある．日本全体が晴れ，日本各地で太陽光発電による余剰電力が発生している以外は，太陽光発電による余剰電力を晴れていない地域に融通すれば，一部地域の余剰電力を無駄なく使えるはずである．しかし，西日本と東日本では電源周波数が60 Hz，50 Hzと異なる上，電力会社間でやり取りできる電力容量の制限，電力供給の情報のやり取りなど広範囲での電力融通には多くの課題がある．

太陽電池の導入前後で，揚水式水力発電の使い方が大きく変わっている．導入前には，夜間に下がった電力需要により生じた余剰電力を揚水式発電の揚水動力として使い，昼間の電力需要のピーク時に揚水式水力発電により電力の供給を行っていた．現在では，上記のように，太陽電池による余剰電力を昼間に揚水動力として使用する場合もある．

図6-2では正午をはさんで，その前後には太陽光発電の出力が低下し，火力発電による発電量を増大させている．このように，太陽光発電は天候に左右されるため，電力システムの運用は難しくなったといえる．九州電力送配電株式会社では電力需要・電力供給量・太陽電池による発電量をリアルタイム発表

している．この3つの量を見ると，最近ではかなりうまく電力システムに取り込まれるようになってきている．

第6節　発電会社と送配電会社の分離 （発送電分離）

これまでは電力会社が一手に電力供給を担っていた．現在では，太陽光発電などの再生可能エネルギーを主とする電力を販売するなど，従来の電力会社以外で電力販売する電気事業者が多くみられ，消費者はそこから電力を購入できるようになった．2015年の電気事業法改正により，2020年から発電会社と送配電会社の分離が行われ，送配電設備の中立化，電力網を誰でも使えるようになり，新規発電会社の新規参入がいっそう容易になったためである．簡単に言えば，図6-1の発電所から工場や一般家庭などの需要家をつないでいる送電線・配電線の管理運営を含む経営と発電所の経営を分離するというものである．それまでは，全国10の地域に分かれた電力会社（北海道，東北，東京，中部，北陸，関西，中国，四国，九州，沖縄）が地域全体の発電・送配電を担っていたため，発電会社の新規参入が難しく，いわば独占状態にあったといえる．

発電会社の自由競争により，電力の小売価格が下がることが期待されるが，2020年の冬には，いくつかの小規模の発電会社で電力の小売価格が急騰した事例が見られた．冬場で太陽光発電に多量の発電量が期待できない上，原子力発電が多く再開されていないところに，冬場の燃料の高騰が起こり，電力の卸売価格が上昇してしまったことが原因であると考えられる．

第7節　今後の電力網，スマートグリッド

これまでの電力網は，大型の発電所で発電した電力を高電圧にして送電し，変電所で電圧を下げ，消費者に送ることを前提につくられてきた．今後は，太陽光発電をはじめ，燃料電池，蓄電池などさまざまな小型電源，いわゆる分散電源が接続されることが予想されている．分散電源とは，発電所を電源としてとらえた上で，これまでのように発電所という電力供給に特化・集中して大容量の電力を生産する施設ではなく，太陽光発電のように消費地の近くの各所に

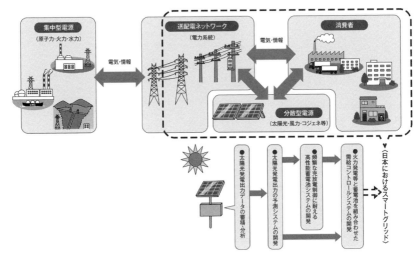

図6‑6　スマートグリッドの概念図

（出所）　日本原子力文化財団「原子力・エネルギー図面集」.

分散して，小容量の電力を生産する小規模な施設のことをいう.

　これまでの電力網の中でこれらの分散電源を取り入れていくと電力網を伝わる電力の制御が難しくなるために，電力網の運用上も変えていかねばならない. もちろん，これまでの運用と同じように，消費者の需要量とさまざまな電源による電力供給量を常にほぼ同程度にしなければならないことはかわらない. ここで考えられているものの1つが，情報通信技術を電力網に取り入れたスマートグリッドという概念である. スマートとは「賢い」，グリッドは「電力網」を指し，両者で「賢い電力網」という意味になる.

　図6‑6に示すように，スマートグリッドでは，ある大きさのネットワークで，需要家である消費者と供給者の発電所がつながれている. そこでは，個々の電力消費量を常に計測し，総需要の把握・今後の需要の予測に応じて，ネットワーク内外の発電所からの供給量を制御して，電力を無駄なく供給するというものである. その電力ネットワークには，分散電源の供給量を測定する計測器も容易に接続できる. ピーク時の電力供給量に対応することができるとともに，想定外の電力需要の増大などにも対応できると考えられている. このネットワークはある程度の大きさが想定されているため，グリッド内だけでなく，

グリッド間，それらの上位の大規模な電力システムとの間でのやり取りが必要となってくると考えられている．スマートグリッドの問題点については，今後明らかになり，解決策も見出されていくと考えられる．

　現在，多くの一般家庭で電力計はすでに通信網につながれ，検針員が電力使用量を読み取らなくとも電力会社から毎月使用料が請求されていることを考えれば，スマートグリッドの実現の要素も整いつつある．

第 8 節　お わ り に

　本章では，カーボンニュートラルを実現するために，再生可能エネルギーを導入した場合の問題点等を電力システムの観点から考えてみた．太陽光発電の導入により，これまで 1 年の中で電力使用量が最大となってきた夏の昼間の電力はまかなうことができた．一方で，夏の昼間の余剰電力をいかに有効活用するのかが，課題となってきた．その解決のためには，日本全体・広範囲での電力の融通体制の確立，高性能の蓄電池の開発が不可欠であろう．もっとも，揚水式水力発電所は蓄電池としての役割を担えるものの，その新設は山間部の環境を考えれば，さらなる増設はなかなか多くの課題がある．

　電力システムは，明治以来，山間部・沿岸部の発電所から送られる電力を都市で消費することに主眼を置いて，構築されてきた．太陽電池をはじめとした再生可能エネルギーの導入は，この電力システムに大きな変化を与えている．太陽電池はこれまで電力の受け手側・消費側からの電力の供給になる．都市部での人口増加に伴う電力需要の増加に伴う送配電線のひっ迫も予想されている中で，電力供給の管理も難しくなるであろう．さらに，今後，蓄電池が各家庭に設置されることになれば，さらに電力供給の複雑化が予想される．電力システム全体から見れば，蓄電池はある時は電力システムから電力を受け取り，またある時には電力を供給する発電所のような役割をする．蓄電池は，太陽電池と組み合わせて使えれば，昼に充電し夜に電力の供給源となるが，太陽電池の発電量が低い日が続いた場合にはいつ充電し，いつ供給源となるのかも予想できなくなる可能性もあるなど問題点も考えられる．

　そこで，今後の電力システムの問題点の解決策の 1 つが電力の需要・供給を

情報機器で管理するスマートグリッドである．しかし，電力需要に応じて供給量をかえることには変わりはない．

　電力システムは，経済活動，日常生活の必要不可欠な基盤であるため，今後の運用については，誰もが考えていかねばならない問題である．

参考文献

木舟辰平［2022］『図解入門ビジネス　最新電力システムの基本と仕組みがよ〜くわかる本［第3版］』秀和システム．

道上勉［2000］『改訂版　発電・変電』電気学会．

西嶋喜代人・末廣純也［2008］『電気エネルギー工学概論』朝倉書店．

第7章

再生可能エネルギーの役割

第1節　は じ め に

　第3章の図3-4に示した，国際エネルギー機関 IEA の二酸化炭素排出削減シナリオでは，削減量の17%は再生可能エネルギーに依存するとなっている．再生可能エネルギーは自然由来のエネルギーであり，水力発電，太陽光発電，風力発電，バイオマス発電，地熱発電などの総称である．水力発電は人類が電力を得る手段としては長い歴史を持つ．反面，大規模水力発電にはダム建設を伴うことから，開発できる地域が限られてきている．特に，国内での新規大規模水力発電は困難と考える．2022年の5月時点での IEA の発表によれば，2022年における再生可能エネルギーの新規導入設備の総出力は320 GW となり，2021年の導入量294 GW と比べて8.4%増加する見込みである．ここで，GW とは100万 kW のことであり，大型の原子力発電所1基の出力とほぼ等しい．すなわち，世界全体で原子力発電300基分の再生可能エネルギーが導入されたことになる．日本にある原子力発電が55基であるから，非常に多くの再生可能エネルギーが導入されたことがわかる．その内訳は，発電事業用の大規模太陽光発電が118 GW と一番多く，中小規模の分散型太陽光発電が71 GW であり，太陽光発電が主である．また，地域別では地域別では，中国が約150 GW と世界の再生可能エネルギー導入量の47%を占めている．

　国内に目を向けると，2020年9月までの累積再生可能エネルギー導入量は太陽光発電が62 GW，風力発電が4.5 GW，水力発電が50 GW，バイオマス発電が5 GW，地熱が0.6 GW となっている．既に，太陽光発電が水力発電の容量を上回っており，国内電力の20%弱を占めるに至っている．その上で，さらに上積みし，2030年には国内電力の22〜24%を目指し，より野心的には36〜38%を目指

a) 商用太陽光発電   b) 風力発電

写真7‐1　再生可能エネルギーの事例

すとしている．大規模太陽光発電と最大出力の風力発電の例を**写真7‐1**に示す．このように，10年前と比べても，再生可能エネルギーが身近になったのは確かである．ただし，再生可能エネルギーはさまざまな課題を抱える電源である．以下，それについて述べていく．

第2節　再生可能エネルギーの本質

　前節で，国内の太陽光発電の容量が62GW と説明した．国内の原子力発電が55基であるから，容量ベースでは原子力発電を超えている．では，これで原子力発電並みに安定な電力を提供できるのであろうか？　答えからいえば，否である．太陽光発電は，夜間では当然発電しないし，また日中も曇りや雨では十分な出力を期待できない．また，夏と冬でも出力が異なる．太陽光発電の容量は，夏で快晴の場合，最大これだけ出力が出せるという指標であり，常にその出力が担保されるものではない．一方，火力発電，原子力発電はいつでも欲しい時に，容量の電力を出せる強みがある．これを理解するには設備利用率が便利である．設備利用率は，ある発電設備の「実際の年間出力」を「容量×365日」で割った値であり，火力，原子力発電は90％程度である．残りの10％は定期点検や補修のために，停止期間である．それに対して，太陽光発電の設備利用率は最大でも15％にとどまる．すなわち，容量は62MW と大きく見えても，実質の発電量はその15％に過ぎないとなる．風力においても，設備利用率は25〜30％程度である．このように，再生可能エネルギーの中で，太陽光発

電, 風力発電は, 見かけの容量は大きくても, 正味の出力は低い. また, **写真7－1**でわかるように, 太陽光発電も風力発電も非常に広い敷地を必要とする. これは, 元々の自然由来のエネルギー密度が低いことに由来する. 火力発電に用いる化石面積, 原子力発電に用いる核燃料は桁違いに高いエネルギー密度を持っており, それに支えられて発展してきたのが, 人類発展の歴史である. 今までは, 高エネルギー密度に支えられてきた我々の暮らしを, 低いエネルギー密度の再生可能エネルギーで賄うのか？　これは, 再生可能エネルギーを考える上で重要な視点である.

　また, 再生可能エネルギーの主役である太陽光発電, 風力発電は極めて不安定な電源である. 太陽光発電では, 快晴時においても朝方, 日中, 夕方と出力が異なる. 特に, 太陽の前に雲がかかると一瞬にして出力が半分以下に低下することも珍しくない. 風力発電も同様で, 日常経験することであるが, 強い風が吹いたと思えば, 次の瞬間には止む. これは風力発電出力が, 最大出力からゼロになることを意味する. 電力を語る際に, 重要な視点は, 電力は「欲しい電力量：需要」と「出せる電力：供給」が常に一致していなければならないことである. これを電力の同時同量と呼ぶ. これを守れないと, 全停電が発生する. 電力会社はこの同時同量を守るために, 大変な努力をしている. 特に, 夏場で気温が上がり, 冷房の電力需要が急激に増える, 冬場の厳冬期の暖房需要が急激に増えるなどに対応するために, 過去の実績から綿密な所有する発電所の運転計画を立て, 常に電力の実際の需要を監視しながら, 慎重に運転を進めている. 他方, 再生可能エネルギーは上述の通り, 気まぐれであり, 出力が, 季節, 時間, 天候により大きく変動する. しかし, 電力を使う側は欲しいだけ使うため, 特に再生可能エネルギーの出力が劇的に低下した場合には, 電力会社は手持ちの水力発電, 火力発電をフル稼働して, 再生可能エネルギーの出力が低下した分を補わなければならない. でなければ, 大規模停電が起こり, 電力会社に責任が問われるからである. この事情で, 電力会社の発電所運用が大変に難しくなっている現実がある. この点は, 再生可能エネルギーを増やす計画をする際に, 十分に配慮されるべきことである.

　社会的, 経済的な観点から見れば, 太陽光発電, 風力発電は電力会社よりもその他の商社, メーカー, 投資会社等がオーナーとなる場合が圧倒的である.

　その事情は，2011年の東日本大震災において，原子力発電が停止し，電力不足もあって，急激に再生可能エネルギーの普及を急ぐ必要があった．その普及策として，太陽光発電，風力発電からの電力を特別に高額で買い取る固定買取価格という補助金を導入した．それは，確実に膨大な利益を得る仕組みであり，また運用に火力発電などに比して運用ノウハウが相対的に低い，再生可能エネルギーに投資が向かうのは自然な流れであった．しかし，これは電力会社からの収益を奪う仕掛けであると同時に，電力会社の発電所運用を相当に難しくしている．電力会社は安定な電力供給——特に大規模停電防止の責任を担うため，今後さらに難しい経営を迫られる可能性がある．電力会社は，過去，大規模な火力発電，原子力発電などに大型の投資をしてきた．それにより，発電機のメーカー，建設会社など，社会に電力会社の利益が還元されてきたと言える．この枠組みは，電力会社しかできない．他方，再生可能エネルギーの増大に伴う利益の圧迫，発電所運用の困難などで，電力会社の安定経営が難しくなった場合には，継続的な大型投資による社会への還元などが難しくなる．これは社会にとって大きな損失に繋がる可能性がある．一方，太陽光発電，風力発電の導入に依っても，その建設で社会にお金が回るという議論もあるが，残念ながら国内の太陽光パネルメーカー，風力発電メーカーは国際的な価格競争に勝てず，撤退，縮小を余儀なくされている．すわなち，太陽光発電，風力発電においては建築以外の資金は，ほぼ海外へ流出するという流れとなる．再生可能エネルギーの大規模導入が社会に与えるインパクト，この点は深く議論されて然るべきである．

　一時期，特に地方の市町村において，再生可能エネルギーによる地方活性化，地方創生を狙った動きがあった．いかなる場所でも，生活には電力が不可欠である一方，その電力料金は地方から中央の電力会社に流れる．これを再生可能エネルギー導入により，上記の高額な固定買取価格で地元住民あるいは周辺地域へ電力を売れれば，地方から中央へのお金の流出を止め，反対に収益を得られれば，地方が活性化するというアイデアである．実際に実施した地方を分析すると，結論的には導入による資金の流出が歳入を上回り，うまくいっていない現実がある．社会的に大きく変える際には，さまざまに影響が波及する．部分だけの議論ではなく，全体を俯瞰しての議論が不可欠である［柳澤 2015］．

第3節　再生可能エネルギーのエネルギーペイバックタイム

　ここでは，再生可能エネルギーをより良く理解するために，エネルギーペイバックタイムについて説明する．例えば太陽光発電の寿命は20年程度であり，またその製造過程で大量の電力を使う——すなわち膨大な二酸化炭素排出を伴う．建設後の設備利用率は15％程度であるため，発電による二酸化炭素低減よりも製造・輸送・建設過程で出てくる二酸化炭素排出量が上回るのではないか？　という提起が，再生可能エネルギーを問題視する議論としてある．以下，これについて説明していく．エネルギーペイバックタイム（EPT, Energy Payback Time）とは，発電源の性能を表す指標である．先に述べたように，太陽光発電において，パネル製造，輸送，建築過程でエネルギーを使う．その使ったエネルギー量を，寿命20年の太陽光発電からの電力で出すにはどの位の期間が必要か？　である．それが30年であれば，パネル寿命20年に比して長いので，太陽光発電は二酸化炭素低減に全く寄与しないとなる．同様に，投入したエネルギーの代りに，そのエネルギーを作る上で輩出した二酸化炭素量と，太陽光発電導入による寿命20年間の二酸化炭素排出削減量を比較する指標もあり，CO_2ペイバックタイムと呼ばれる．この期間が短いほど，地球温暖化の対策効果が高いとなる．NEDO の報告書によれば，太陽光発電によるエネルギーペイバックタイム，CO_2ペイバックタイムは，共に2-5年程度となっている．2つの指標は当然，太陽光発電パネルによっても異なり，その比較を**表7-1**に示す．NEDO の評価は，2009年時点の数値であり，現在は太陽電池モ

表7-1　太陽光発電システムのエネルギーペイバックタイムと
　　　　CO_2ペイバックタイム

		多結晶型パネル	単結晶型パネル
エネルギーペイ	住宅用	2.20	3.01
バックタイム	公共・産業用	2.58	3.38
CO_2ペイバック	住宅用	2.63	3.48
タイム	公共・産業用	3.33	4.17

（出所）　新エネルギー・産業技術総合開発機構［2022］．

ジュールの性能向上などから，より少ないペイバックタイムとなっていると考えられる．このことから，太陽光発電の導入は，2〜5年過ぎれば，十分に二酸化炭素排出削減に寄与できると言える．すなわち，太陽光発電の導入は，二酸化炭素排出低減策としては正しい解の1つである．

第4節　再生可能エネルギーの難しさを克服する技術

カーボンニュートラルを実現する上で，再生可能エネルギーは大きな切り札の1つである．しかし，水力を除いた代表的な再生可能エネルギーである太陽光発電は時間，天候，気候に大きく影響される．通常，これらの原因で発生する出力変動は予測が大変に難しい．一方，周波数，電圧などの電力に要求される品質（電力品質）を一定に保ち，停電を防止するには，電力の需要と供給がつりあっていなければならない．電力の需要は，日単位，年単位で変化する．例えば，みんなが寝静まった夜間には必要とされる電力は少なくなるし，夏場は全国でエアコンが使われるために大量の電力が必要になる．そのため，我々が普段使っている，大型発電所（既存大型電源）でつくられる電力は，つねに一定の出力を確保するための発電と，需要にあわせて出力を調整する発電を使い分けて発電されている．前者をベースロード（ベース負荷），後者をミドルロード（ミドル負荷）とよぶ．ベースロードは原子力や大型石炭火力などから構成され，ミドルロードは天然ガス，石油や天然ガス等を燃料とする火力発電から構成されている．ミドルロードの出力コントロール能力，すなわち出力の調整代は，各発電機器の出力容量及び出力変化率（変化させられるスピード）に強く左右される．出力容量が大きく，出力変化率が大きいほど出力の調整代は大きい．もっとも出力調整代が大きいのは水力発電で，100%／分，つまり1分間に出力を100%変化させることができる．次いでガスタービンの8%／分，蒸気タービンの4%／分の順となる．再生可能エネルギーによって発電される電力の割合が小さい場合には，時間，天候，季節による出力変動は，ミドルロードの出力調整代により十分に吸収することができる．ところが，出力が不安定な再生可能エネルギーの割合が増えると，元々二酸化炭素を減らすのが目的であるから，化石燃料を使う火力発電の割合が減る．先に述べたように，火力発電

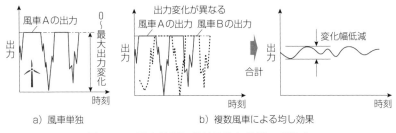

図7-1　風力発電における均し効果の考え方

は単に電力を供給するだけでなく，電力の同時同量を守るための重要な役目
——電力供給の調整力——を併せ持つ．出力は予測不可能で不安定な再生可能
エネルギーの割合が増え，同時にその調整をする火力発電が減るのであれば，
電力系統の不安定化は避けられない．その対策例として，以下に3つを示す．

1　均し効果

　これは，お金のかからない方法である．例えば，風力発電における出力の変
動の事例を図7-1で見てみる．1つ1つの風力発電の出力変動は非常に大き
く，最大出力から出力ゼロまで秒単位で変化する．しかし，ある風力発電の出
力が下がった瞬間，別の風力発電では出力が最大に達する場合もある．これを
合計すると，個々の風力発電に比べると，変動の幅はずっと穏やかになってい
る筈である．これを均し（ならし）効果と呼ぶ．理想的には，風速の変動が常
に逆な2カ所に風力発電を設置すれば，出力変化は大幅に減らせることになる.
この効果は，再生可能エネルギーの数が増えるほど期待できる．また，単なる
数の問題なので，コストが掛からない方法である．この均し効果を上手に使い
ながら，出力変動をどう吸収するかを考えていく必要がある．

2　エネルギー貯蔵技術の普及

　これは，上記の均し効果を十分に活用した上で，それでも残る出力変動を火
力発電に頼らずに，吸収する技術がエネルギー貯蔵技術である．エネルギー貯
蔵の一例が大型の蓄電池を使い，再生可能エネルギーが大量に出た場合には，
電池に充電し，不足する時には蓄電池から充電をする．これにより，実質的に

写真7‑2　電力系統用の大型蓄電池システムの事例

再生可能エネルギーの変動を吸収あるいは，ほぼゼロにできる．実際に，携帯電話などでも使われるリチウムイオン電池は，値段も下がり，変動吸収用に大型化もされており，普及が進められている．その一例を**写真7‑2**の写真に示す．これは，トラックにも搭載可能なコンテナに蓄電池を敷き詰めたもので，輸送にはコンテナを使い，そのまま設置し，トレーラー数に応じて，再生可能エネルギーの出力変動を吸収できる量も増えていく．このように，再生可能エネルギーからの出力が多い時に充電，少ない時に放電する装置をエネルギー貯蔵と呼ぶ．上記の蓄電池以外にも，揚水発電，フライホイールなど，多くの技術が存在する．特に，揚水発電は大規模化が可能であるが，反面，設置場所が限られ，国内には新規導入箇所はほぼない．そのため，やはりリチウムイオン電池が主役と考えられる．では，このエネルギー貯蔵の普及が見込めれば，再生可能エネルギーの課題はなくなるであろうか？　原理的には YES であるが，それには膨大なコストを伴う．国際エネルギー機関の見積もりによれば，2050年の二酸化炭素排出を2010年比の半分にするには，その削減量の17％が再生可能エネルギーに依存せざるを得ないと評価されている．一方，そのために導入される再生可能エネルギーの出力変動を吸収するには，「最低で」190 GW 分のエネルギー貯蔵設備が必要と見積られている．これは，原子力発電所190基分に相当する途轍もない蓄電池の量となる．IEA による2050年までの必要なエネルギー貯蔵設備の容量の予測を**図7‑2**に示す．色分けは国別，地域別を表し，西欧地区が最も多くのエネルギー貯蔵設備を必要とし，次いで米国，中国などとなっている．その合計として2050年の190 GW である．再生可能エネルギーは現在でも比較的コストの高い発電源であるが，蓄電池に代表されるエ

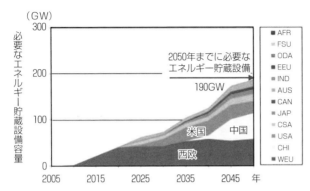

図 7-2　IEA による必要なエネルギー貯蔵設備容量の推移予測

（出所）Inage［2009］を筆者翻訳.

ネルギー貯蔵設備はさらに高い. しかも, エネルギー貯蔵そのものは電力の充電・放電をするだけで電力を産むわけではない. この投資を誰がどのようにしていくのか？は, 国々の政策や状況にも寄り, 解決していない. 再生可能エネルギーに大きく依存した場合の電力料金は現在の 3 倍になるとの試算もあり, 人々の暮らしに大きな負担を強いる可能がある. これは, ひとえに再生可能エネルギーはエネルギー密度が化石燃料に比して, 極端に薄いという事に起因する. 薄いが故に, 数を入れなければ同じ電力を稼げない, 広い土地面積を必要とする, などである.

　このエネルギー貯蔵の導入量を減らすものとして, 期待されるのは電気自動車である. 二酸化炭素削減には, 電力のみならず, 車のガソリン消費削減も含まれ, その対策の 1 つが電気自動車である. 電気自動車には蓄電池を保有しており, その電池を再生可能エネルギーの吸収に活用できないか？である. すなわち, 再生可能エネルギーの出力が大きい場合には電気自動車に充電し, 反対に出力が低い場合には電気自動車から電力系統に電力を戻すという考えである. 1 台当たりの電池サイズは小さいが, 車は数が期待できる. この考え方は, V2G（Vehicle to Grid）と呼ばれる. 電力調整に特化したエネルギー貯蔵設備は, 調整量以外は何も産まないが, 電気自動車は明確な目的の「走るための」蓄電池を持ち, かつ電気自動車所有者が自発的に購入するので, 特定の電力会社に

も負担をかけない優れたアイデアに思える.

3　再生可能エネルギーの出力変動予測技術

　将来的には，電気自動車やエネルギー貯蔵設備の普及が進めば，再生可能エネルギーの出力変動の課題は克服される可能性もある．しかし，現在は，化石燃料から再生可能エネルギーに移行の時期であり，十分な数の電気自動車もエネルギー貯蔵設備も存在せず，当面は火力発電による調整量を活用せざるを得ない．上述の通り，再生可能エネルギーの出力変動は予測不可能である．そのためには，火力発電がいつでも対応可能な状態にしておく必要がある．それを無負荷待機運転と呼ぶ．しかし，無負荷待機運転を維持するには，実は最大出力の20％程度を常に使う必要がある．無負荷待機運転は火力発電がいつでも出力調整できるようにするだけで，実際に電力は出さない．すなわち，電力会社にとっては，無駄な燃料コストがかかり，かつ二酸化炭素も放出される．この不要なコスト，二酸化炭素排出削減を目的に，再生可能エネルギーの出力変動予測技術が盛んに開発されている．例えば，気象衛星を使い，上空から特定領域（例えば，100 km 四方の地域）に掛かる雲の様子を分析し，その雲の移動から将来の日射量，最終的には地域内に存在する太陽光発電全体の出力を予測する技術が開発されている．また，地上に存在する実際の太陽光発電の出力データから，将来の太陽光発電出力の変化を予測する技術も存在する．その概念を図7－3に示す．まず，対象地域に複数の太陽光発電が存在（図中の×位置）する．対象地域を網目状に分割し，各編目の中心位置での太陽光発電出力は計測位置からの出力でデータを補間することで求められる．上空に雲が掛かっている地域では太陽光発電出力は低い．この観察を時刻 T_1，T_2 で行うと，太陽光発電出力の低い領域——すなわち上空の雲の領域が動く様を可視化できる．すると，雲の動く速さと方向が計算でき，将来の雲の位置を計算できる．それを基に，将来の対象地域のトータルの太陽光発電出力を計算できる．すなわち，将来の太陽光発電出力の時間変化を予測できることになる．この雲の動きの速さと方向を，人工知能を使って計算し，20分後の予測をした結果の一例を図7－4に示す．図で，●は計測値，線は予測結果である．図から，予測値は計測値を再現している．このように，気象衛星は上からの雲の観察，太陽光発電出力によ

【STEP-1】

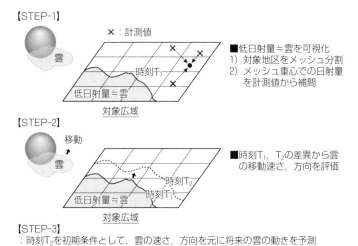

×：計測値

■低日射量≒雲を可視化
1）対象地区をメッシュ分割
2）メッシュ重心での日射量
　を計測値から補間

時刻T₁

低日射量≒雲

対象広域

【STEP-2】

移動

雲

■時刻T₁，T₂の差異から雲
　の移動速さ，方向を評価

時刻T₂
時刻T₁

低日射量≒雲

対象広域

【STEP-3】
：時刻T₂を初期条件として，雲の速さ，方向を元に将来の雲の動きを予測

図 7‑3　太陽光発電出力のデータ活用による出力予測技術

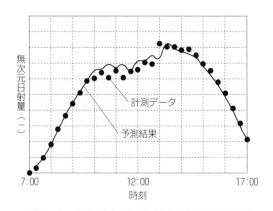

無次元日射量（－）

計測データ

予測結果

7:00　　　　　12:00　　　　　17:00
時刻

図 7‑4　20分後の日射量の時間変化予測結果

る予測では下から上空の雲を観察するものであり，相補い合う関係である．

第5節　おわりに

　以上，再生可能エネルギーの本質，課題等について述べた．二酸化炭素排出削減の切り札であることは間違いないが，特にその出力変動が電力の系統を不安定にするという課題が突き付けられている．その対策には，エネルギー貯蔵設備や電気自動車，或いはつなぎとしての出力変動予測技術の開発が行われている．この薄いエネルギー密度を持つエネルギー源をどのように活躍し，我々の社会をさせていくのか？　これは，我々自身が選択をしていく必要がある．

参考文献
〈邦文献〉
資源エネルギー庁［2022］「今後の再生可能エネルギー政策について」．
新エネルギー・産業技術総合開発機構［2022］「『太陽光発電システム共通基盤技術研究開発』事後評価報告書」．
堂園千香子・稲毛真一［2022］「ニューラルネットワークを用いた広域の日射量時間変化量の予測技術の開発」『産業応用工学会全国大会講演論文集』．
柳澤明［2015］「再生可能エネルギー発電と地方経済――非住宅用太陽光発電事業によるおカネの流れと収支の試算――」IEEJ．
〈英文献〉
Inage, S. [2009] "Prospects for Large-Scale Energy Storage in Decarbonised Power Grids," Working Paper.
―――― [2017] "Development of an advection model for solar forecasting based on ground data first report: Development and verification of a fundamental model," *Solar Energy*, 153.

第8章

原子力の役割

第1節　はじめに

　2011年の東日本大震災まで，国内では54基の原子力が稼働し，国内電力供給能力の1/3を担っていた．しかし，東日本大震災の影響，特に高さ15mにおよぶ津波の影響で，福島第一原子力発電所において未曾有の事態が発生した．その物理的，心理的なインパクトは計り知れないものがあった一方で，世界的にみれば原子力は地球温暖化対策の重要な技術と目されている．国際エネルギー機関の試算では，2050年の二酸化炭素の排出を2010年の半分に抑えるために，削減量の7％は原子力発電に依存せざるを得ないとしている．

　世界全体では，2021年時点で434基が稼働しており，見通しは，ロシア，中国では3基が運転開始，フランス，ロシア，スウェーデン，米国では6基が閉鎖，中国，トルコにおいては新たに5基が建設中である．他方，国内では2021年3月時点（東日本大震災から10年経過）で，地元の同意を得ながら再稼働した原子力発電は大飯（関西電力），高浜（関西電力），玄海（九州電力），川内（九州電力），伊方（四国電力）の5発電所の9基のみとなっている．原子力文化財団は，2014年度以降，毎年無作為の1200人を対象に，原子力に関する世論調査をしており，「今後日本は原子力発電をどのように利用していけばよいと思うか」に対する回答を，①原子力の増加，②原子力の維持，③段階的廃止，④即時廃止の選択肢で回答を求めている．無回答も含めた上で，2014年は，①，②が10.1％，③は47.8％，④が16.2％であったが，2020年の調査では，①，②が10.3％，③は52.8％，④が7.5％となった．④の即時廃止の比率は半減したものの，依然として段階的廃止の意見が半数を占めている．

　本章では，原子力の基本的な原理も理解した上で，なぜ福島第一原子力発電

所で，事故が発生していくのかを理解し，我々が今後どのように向き合っていくのか？ を述べていきたい．

第2節　原子力発電の原理と構造，運用

1　原理

　原子力発電の燃料はウランである．ウランには，ウラン238とウラン235と呼ばれる，少しだけ重量が異なるものが存在する．自然界に存在するウランの大半はウラン238で，その比率は99.3％である．原子力発電で重要なのはウラン235と，もう1つ中性子と呼ばれる粒子である．中性子は，その動く速さから，速い中性子（1秒で2万km進む），遅い中性子（1秒で1km進む）に分けられ，特に，遅い中性子は「熱中性子」と呼ばれる．図8-1のように，軽いウラン235に遅い中性子がぶつかると，2つの原子に分裂し，その際に大きな熱エネルギーを出す．これを核分裂と呼ぶ．その際に出る熱が，発電をするためのエネルギーになるわけである．この過程では，二酸化炭素の排出は生じない．さらに，ウラン235は1gで，石炭3トン，石油2000L分を燃焼させたと同じエネルギーを生み出す．ウラン235が2つに分裂する時に，同時に2つの中性子が生じ，飛び出す．飛び出した中性子は，速い中性子になるが，これを遅くすると，周囲にあるウラン235をさらに分裂させ，連鎖的に熱エネルギーを取り出すことができる．図8-2のように，2個の中性子が次々と発生すると，一気に膨大なエネルギーが放出されることになり，大変危険である．実は，これを兵器として使ったものが原子爆弾である．ここで，核分裂が起こるには，いくつかの条件があり，以下に記載する．

① ウラン235と遅い中性子が必要である

② 核分裂で生じる中性子は速いので遅くする必要がある

③ 遅い中性子が連鎖的に2個あると暴走する危険性がある

④ 一定の量のウラン235が必要である

　①～③は上で説明したので，最後の④を図8-3で説明する．ウラン235が余り存在しない状況（図8-3a）を考える．ウラン235同士の間隔がスカスカだ

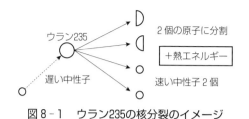

図8-1 ウラン235の核分裂のイメージ

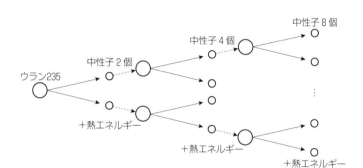

図8-2 核分裂の連鎖的反応

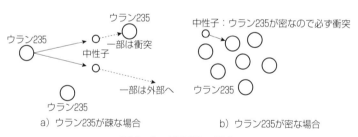

a）ウラン235が疎な場合 b）ウラン235が密な場合

図8-3 臨界量の概念

と，発生した中性子が逃げてしまうのは容易に想像できる．しかし，一定のウラン235が密集した状態では，中性子が逃げる前に次の分裂を起こすことができる．この継続的に中性子が核分裂を起こせる条件のウラン235の量を臨界量と呼ぶ．原子力発電は，求められる条件①〜④をどのように実現するか？ を具体化したものである．以下，それぞれでどのように実現しているかを示す．

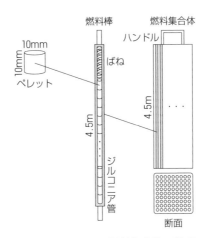

図8-4　原子炉の燃料集合体の構成

① ウラン235と遅い中性子が必要である

　原子力の燃料は，核分裂をしないウラン238とウラン235を混ぜた状態で焼き固めたものであり，これをペレットと呼ぶ．ペレット1個で，一世帯が半年暮らせる電力を産み出すことができる．直径が1cmで高さが1cm程度である．これを，今度は4m程度の金属チューブに詰めていき，これを燃料棒と呼ぶ．さらに，この燃料棒を9列×9列で，箱の中に設置したものを燃料集合体と呼ぶ．この燃料集合体が原子力発電のいわゆる原子炉に設置される．この状況を図8-4に示す．

② 核分裂で生じる中性子は速いので遅くする必要がある

　核分裂で生じる速い中性子は水の中に放出されると，遅くなる性質がある．また，水は核分裂で発生した熱を奪って，冷却する作用がある．原子力発電では水を使うのはこのためである．原子炉内には多くの燃料集合体があり，そこから出てくる熱が膨大なので，水は高温，高圧の水蒸気に変わる．温度は350℃，圧力は数十気圧である．この水蒸気の持つ熱エネルギーは，蒸気タービンと呼ばれる機械で，電力に変換する．この状況を図8-5に示す．

③ 遅い中性子が連鎖的に2個あると暴走する危険性がある

　中性子が2個発生すると暴走するのであれば，発生した中性子の数を減らせ

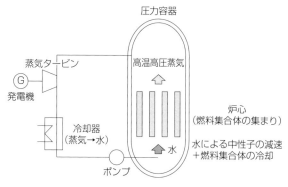

図8-5　原子炉の構造

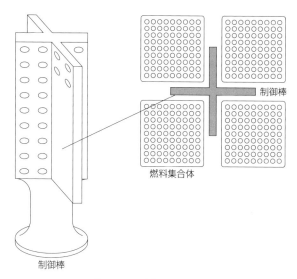

図8-6　制御棒の構造

ないか？　となる．そのために，ホウ素と呼ばれる原子を使う．ホウ素は中性子を吸収して離さない性質があるため，図8-6に示すような，断面が十字形をした制御棒という装置内にホウ素を貯蔵している．ホウ素は燃料棒と同様な管に収納されており，その管が多数，制御棒にセットされている．この制御棒は，燃料集合体の間に設置されており，燃料集合体から核分裂に伴う中性子を

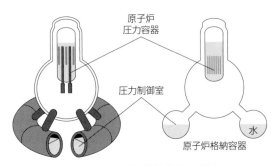

図 8‒7　原子炉格納容器の構成

吸収する．見かけ上，２個の中性子を一個にすることで，中性子の数を制御し，核分裂の暴走を防ぐことができるようになる．

④ 一定の量のウラン235が必要である

　先に述べたように，継続的な核分裂には臨界量のウラン235が必要である．自然界に存在するウラン235は0.7％程度なので，そのままでは臨界量は実現しない．そこで，ウラン濃縮と呼ばれる技術で，ウラン235を５％程度に濃縮する．ちなみに，原子爆弾ではウラン235がほぼ100％であり，いつでも核分裂が起こり得る臨界量になっているが，原子力発電に使用する燃料集合体では原理的に原子爆弾のような核爆発は起こり得ない．

　以上の４つが，原子力発電所の基本的な条件と構成になる．最後に，**図 8‒5**の原子炉圧力容器は更に**図 8‒7**に示す原子炉格納容器に設置される．これは万一，原子炉が破損し，燃料集合体から放射能漏れが生じても，放射能を封じ込めて，放射能を外部に出さない構造になっている．さらに，格納容器は原子炉建屋と呼ばれるビルの中に設置され，二重，三重で対策している．次の節では，この構造からなる原子力発電所をどの様に運用するかを紹介する．

2　原子力の運転

　原子力が停止している時＝制御棒が100％燃料集合体の中に挿入された状態である．制御棒中のホウ素は，無駄な中性子を吸収する．そのため，継続的な核分裂は起こらない．原子力発電所を稼働する際には，少しずつ制御棒を抜い

ていく．制御棒が抜かれた場所の燃料集合体では核分裂が起こり始めるが，その量が少ないので，大きな熱エネルギーは出ない．それから，少しずつ制御棒を抜く操作をしていくと，核分裂で発生する2個の中性子が，半分は制御棒に吸収され，半分は次の核分裂に使われる．すなわち，見かけ上，発生する中性子を1個に制御することができる．この状況を臨界に達すると呼び，発電が行える状態になる．この状況では，水は原子炉内で蒸気となり，燃料集合体から発生する熱エネルギーを奪い去り，燃料集合体が溶けたりしないようにしている．原子力発電所を停止するには，逆に制御棒を燃料集合体中へ挿入する．原子力発電所の稼働は，非常に慎重に行われ，制御棒の抜き取りは数週間～一月掛けてゆっくりと行われる．他方，停止する際——特に大きな地震などでの緊急停止時は，制御棒を一気に押し込む機構がついており，瞬時に停止操作に入る．2011年の東日本大震災においても福島第一原子力発電所はもとより，震度7を観測した女川原子力発電所においても正しく停止操作が行われた．では，なぜ福島第一原子力発電所はあのような事故に至ったのであろうか？　より大きな震度の女川原子力発電所は問題なく停止し，現在，新たな対策を加えた上で，再稼働時期を待ってる状態である．2つの原子力発電所の明暗を分けたのは何だったのであろうか？

3　福島第一原子力発電所で起きたこと

　まず，崩壊熱と呼ばれる現象から述べる．上記の通り，福島第一原子力発電所においても，地震を感知した瞬間に，燃料集合体に制御棒が挿入され，原子炉は安全に停止した．ここまでは，想定の範囲内である．しかし，燃料集合体の中には水が存在し，その水を通過した中性子は遅い中性子となり，周囲のウラン235の核分裂を継続する．もちろん，制御棒が効いているので，燃料集合体間への中性子の移動は無い．しかし，燃料集合体内だけで継続する核分裂でも，十分な熱があり，これを崩壊熱と呼ぶ．通常の停止操作でも，崩壊熱は出て，その熱が蓄積されると，燃料集合体を溶かすレベルの熱を出す．燃料集合体が破損するのは許されないので，原子力では崩壊熱除去という操作をする．端的には，発電時ほどではないにしろ，原子炉内で水を循環させて，その水で燃料集合体を冷却を行う．十分な水が供給されていれば，熱は順調に除去され，

問題は生じない．これは，通常の原子力発電所での停止操作の一部である．その水の循環には，ポンプが必要であり，ポンプの稼働には動力が必要である．この動力は，

1）他の発電所の電力を電力系統から貰う
2）原子力発電所内の自家発電設備からの電力で賄う

のどちらかで，供給される．しかし，東日本大震災では，1）は地震に伴う電力系統の倒壊や発電所の非常停止を含む広範囲な停電により，他発電所の電力供給ができない状態になった．

2）は，地震発生直後に停電もあったため，ただちにディーゼル発電機が稼働し，原子炉内で崩壊熱除去の水が循環された．しかし，地震による巨大津波が発生し，――特に福島第一原子力発電所に近い相馬市では，地震からわずか2分後に到達したと言われている．福島第一原子力発電所では，想定を超える高さ15mの津波が発生したため，福島第一原子力発電所の防潮堤を優に超え，敷地内が津波にのまれ，敷地内の重要な設備が津波に流される事態となった．その設備の中には先の崩壊熱除去のための電源であるディーゼル発電機も含まれた．非常用電源の喪失に見舞われたために，崩壊熱除去が出来なくなり，燃料集合体の溶損が生じた．当然，その事態を防ぐために，福島第一原子力発電所では，停電下であらゆる対策が取られた．炉心内に海水を注水し，冷却することも行われた．そのためには，炉心内の圧力や温度を測るために，特に停電下での深夜に，職員総出で，敷地内の自家用車からバッテリーをかき集め，電源としたのは有名な話である．特に，東日本大震災そのもので施設内は瓦礫の山状態，停電の中で，さらには自身の家族の安否が気遣われる中で，夜を徹して対応した当時の発電所スタッフ，協力会社の方々の苦労は筆舌に尽くしがたいものがある．このような尽力の中でも，電力の不足には勝てず，崩壊熱除去が出来なくなりメルトダウンと呼ばれる最悪の現象を引き起こした．崩壊熱を除去できなくなり熱が蓄積されると，燃料集合体を優に溶かす高温（〜2000℃）になり，燃料集合体を溶かし，さらには原子炉本体の1m程度にも及ぶ分厚いステンレスをも溶かし，デブリと呼ばれる燃料集合体の溶融物が，炉心外部に抜け出す事態となった．各1〜3号機におけるデブリの外観を図8-8に示

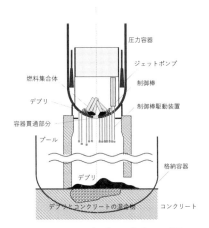

圧力容器
ジェットポンプ
燃料集合体
制御棒
デブリ
制御棒駆動装置
容器貫通部分
プール
格納容器
デブリ
デブリ・コンクリートの混合物
コンクリート

図 8 - 8　原子炉内のデブリの状況
（出所）倉田［2020］を参考に筆者作成.

す.図中の下部に堆積した部分がデブリで,元々は原子炉内の燃料棒であった部分である.1, 3号機では,燃料集合体のほぼ全てがデブリ化,相対的に2号機のデブリの量が少ないと言われている.この時点で,原子炉内での制御は完全に不能である.原子炉は,その周囲を原子炉格納容器と呼ばれる頑丈な構造物で守られている.これは,万一の場合でも,放射能が外部に漏れないための最後の砦となる.上述の燃料集合体の溶けたデブリが原子炉格納容器に溶け出したために,今度は原子炉格納容器内の圧力が上昇し始めた.圧力が限界を超えた場合には,格納容器が破裂,その場合はデブリに含まれる放射能が一気に外部に拡散し,おそらくは東北地方は千年以上人が立ち入れない地域になった可能性もあった.もはや,格納容器内の空気を一部,外部に逃がして容器内の圧力を抜く――ベントと呼ばれる――操作が唯一の希望であった.しかし,結果的にはベントは成功せず,最終的には格納容器の接合箇所が圧力の限界を超えて,配管の接合部が一部破損,その箇所から高温・高圧の空気が抜けることで格納容器全体が破裂することなく,事故が一定収束したのは不幸中の幸いであった.ただし,先ほど述べた,漏れた空気中に含まれる放射能が飛散し,事故から10年経った現在でも人が立ち入れない町があることは,大変に残念で深刻な事である.

福島第一原子力発電所では原子炉を守る建屋——1号機，3号機，4号機の建屋——が爆発した光景は忘れられない．次にこの原因について説明する．この爆発は核爆発ではない．先に述べた通り，崩壊熱でメルトダウンした燃料集合体であるが，燃料集合体はジルコニアという鉄よりも高温に耐え得る金属で作られている．この金属は一定温度を超えると水と反応，水素を発生するため，燃料のメルトダウン過程において原子炉内に大量の水素が充満する．その水素が外に漏れだし，原子炉を収める建屋内の空気と反応し，爆発に至った訳である．これを水素爆発と呼ぶ．原子炉内のウランが爆発した訳ではないのと，原子炉は厚さ1m程度の分厚いステンレスで製作されているので，当然原子炉本体に問題はなかった．福島第一原子力発電所4号機の原子炉は地震当日は停止中であった．これは，稼働していた3号機の原子炉から発生した水素が，各建屋を繋いでいた空気ダクトを伝わり，爆発したと考えられている．

4 福島第一原子力発電所事故後からの教訓

上記の事故により，福島県，宮城県，岩手県他の住民約47万人が避難を余儀なくされたと言われている．事故後，政府，国会，民間および東京電力の4つの組織から独立に調査報告書が出され広く公開されており，その後，国際原子力機関（IAEA）からも報告されている．上述の通り，福島第一原子力発電所の事故は，離接する電力系統の停電，津波による非常用電源の流失により，崩壊熱による燃料集合体の溶損，デブリ化，そして圧力容器外への漏洩が引き金である．一見，地震と津波が大きな要因に思えるが，各組織の報告書では，福島第一原子力発電所の事故は，地震および津波が原因で「やむをえず」起きた自然災害ではなく，技術的，また原子力の安全神話にもとづく，人災の側面があったと結論付けている．特に，15mを超える津波は予め予見されていたにも関わらず，その対策が為されていなかった要因が大きいとしている．現に，福島第一原子力発電所よりも大きな震度7を経験，さらに13mの津波も到達した女川原子力発電所では問題なく停止し，現在も再稼働を準備できるほど，システムの健全性が保たれている．建設時に海抜約15mの土地に建設したのが功を奏したと言われている．現在は，国内最高レベルの29mの防潮堤を設置している．現在，再稼働を果たした原子力発電所では，女川原子力発電所同

様に最大レベルの防潮堤や非常用電源の信頼確保を得た上で，審査を通過した
上で稼働している．現在の再稼働している原子力発電所は地震や津波の対策の
みならず，2001 年 9 月 11 日に米国で発生した飛行機を使った自爆テロなども想
定し，それに耐え得る仕様になっている．反面，高度な安全性を担保するため
に，原子力発電所の建設コストが増大している．従来建設コストに比べて，安
全対策を考慮すると建設コストが倍になるといわれている．

5　国内における原子力の長所・短所

　日本においての原子力発電所のメリットの 1 つは，発電コストの安さが謳わ
れていた．石油火力発電が約 24.9 円 /kWh 以上，天然ガス火力発電が約 10.7
円 /kWh 以上，石炭火力発電が 13.6 円 /kWh 以上の中で，事故前は 8.9 円 /
kWh と言われていたが，事故後の対策も含めると最近の原子力発電所の発電
コストは 11 円 /kWh となり，天然ガス火力発電と同程度と言われる．

　日本は国土が狭く，電力系統における電力ロスが低いため，大規模発電所に
よる大電力を電力系統で送る方が有利である．海外で，国土の広い米国やロシ
アなどでは，長距離送電による電力ロスが大きく，そのような場合には，延々
と送電線を引き伸ばすよりも，要所要所での小〜中規模発電で電力を送る方が
圧倒的に有利である．特に日本国内は，大都市圏に人口集中する傾向にあるの
で，一基で 100 万 kW を出せる原子力は大変に魅力的である．他方，原子力発
電所の運用は，基本的に一定出力の下で行われる．電力消費は 1 日の時間帯，
季節により大きく異なるが，その電力消費の変化に合わせて出力調整をするの
が大変に苦手である．その電力消費の変化に合わせた電力出力の調整は，主に
水力発電や火力発電が担うことになる．

　他方，短所も存在する．やはり，福島第一原子力発電所の事故を考えると，
一旦過酷な事故が起こると，その被害は甚大であり，長期にわたる．また，使
用済みの燃料からは，大量の放射能を含む，高レベル放射性廃棄物が出る．暫
定的に青森県六ヶ所村に保管されているが，いずれは国内に最終処分地を設け
なければならないが，場所は確定していない．

6 国内における原子力の将来計画

令和4年2月に，資源エネルギー庁から発表された「今後の原子力政策について」を基に，今後の原子力の将来計画を見ていく．まず，日本のエネルギー自給率は東日本大震災以降，わずか6％という低い数値で推移しており，他国と比して著しく低い水準にある．これは，国内の将来におけるエネルギー安全保障から言えば，好ましくない．また，地球温暖化対策としての二酸化炭素削減率は2013年を100として，2019年度−14％で，他国に比して比較的高い数値である（アメリカ−1.4％，フランス−10％）．しかし，2050年にゼロカーボンを達成するには，決め手に欠けている．その中で，原子力発電所は1つの選択肢となり得るものである．2050年のゼロカーボン政策は，世界的な潮流であり，今後も継続，加速すると思われる．その中で，原子力発電所政策は，国々で異なり，米国は現在2基建設中であり，原子炉のサプライヤーも健在である．英国でも2基建設中であるが，英国内メーカーはサプライヤーから撤退している．

国内では，エネルギー政策の大原則として，S＋3E，すなわち，Safty（安全性），Energy Seculity（安定供給性），Economic Efficiency（経済効率性），Environment（環境適合性）としている．計画では，現在は4％程度の原子力の比率を2030年度までに20〜22％に引き上げるもので，カーボンニュートラルの達成度を上げるためには，化石燃料を減らし，再生可能エネルギーに置き換える計画である．最も野心的な計画は再生可能エネルギーを36〜38％にするものである．

国内には3つの原子炉サプライヤー会社が存在している．しかし，東日本大震災以降，運転・計画中の新設プロジェクトは中断しており，その事業存続が危ぶまれる可能性もある．原子力発電所のような巨大プロジェクトは，サプライヤーのみならず，大変に裾野の広い経済的な効果を産む．このように，原子力発電所は，巨大なエネルギーを産み出すと共に，巨大産業でもあるので，エネルギー安全保障，カーボンニュートラル，経済他においても重要である．本書を書いている2022年時点では，化石燃料の高騰に伴い，電力料金の値上げが目立っている．現在は，原子力の稼働率も低く，主発電所が火力発電に依存しているためである．このように，特定電源だけに依存すると大きなリスクに直面する可能性もあり，特定の電源だけに依存しない電源多様化が重要である．その意味で，特に大規模出力の原子力発電は，重要な選択肢の1つである．原

子力発電所を止める決定は，その影響と責任を熟慮した上で為されるべきと考える．

第3節 お わ り に

今後の原子力をどうしていくかは，大変に難しい選択である．既存設備の再稼働，福島第一原子力発電所におけるデブリの除去と廃炉，さらには新設原子力発電所を作るのか作らないのかも含めて，地球温暖化対策との折り合いをどうつけていくのかが問われている．その判断は，日本国民の民主主義に基づく総意によることになる．判断の可否は，原子力発電所において安全が技術的に十分に担保され，安心を確信できるかに依る．福島第一原子力発電所は，天災と人災が入り混じった複雑な事故である．ただし，その反省から，例えば再稼働における厳しい規制の見直し，また対策の確実な評価基準も確立できている．エンジニアの視点から言えば，人は失敗から学び，技術は進化するものである．発電所としての電力は最大規模の出力を持ち，また二酸化炭素の排出が無く，特に日本のエネルギー安全保障上は大変に好ましいエネルギー源を捨て去るのか？には，1人1人の合理的な判断が求められる．原子力は嫌だから，別のエネルギー開発をとの意見もあるが，言うは易しで，2030年，2050年での地球温暖化対策——ゼロカーボン——という中で，現実的な議論では無い．次世代のエネルギーとして期待されている核融合は，フランスに核融合実証炉として国際熱核融合炉 ITER が建設され，まもなく本格的な運用に入る計画である．しかし，核融合は2100年頃からのエネルギー源として位置づけられており，地球温暖化対策としては難しく，実際，国際エネルギー機関 IEA の地球温暖化対策には含まれていない．以上，まとめれば，

1）福島第一原子力発電所の事故分析から，原子力発電所の安全・安心をどう実現するべきかの指針（技術面，規制面）は得た．それに基づき，再稼働も行われている．

2）数十年のスパンでは，二酸化炭素の排出を伴わない，単機100万 kW の大規模発電所の出現は当面期待できない．現在におけるベースロー

ド電源の選択肢は単機で大出力電力を供給可能な原子力と大型石炭火力及び一部大型ガスタービン発電である．これらは，安定電源として活用すべきである．

以上を踏まえて，読者はどのような選択をするべきか？　ぜひ，自身で選択を考えてみて欲しい．

参考文献

倉田正輝 [2020]「福島第一原子力発電所デブリの概況について」日本原子力学会秋の大会．

国会事故調 [2012]「東京電力福島原子力発電所事故調査委員会報告書」．

第 9 章

水素社会の可能性

第1節　は じ め に

　世界の平均気温は年々上昇しており，地球は温暖化している．近年では，地球温暖化に関係していると考えられる異常気象やそれに伴う災害が顕在化している．地球温暖化は，温室効果ガスである二酸化炭素の大気中における濃度が上昇することによるものと考えられ，二酸化炭素を排出しない「脱炭素社会の実現」が期待されている．本章で紹介する水素は利用時に二酸化炭素を排出しないという特徴があり，水素エネルギーを利用した社会の実現，すなわち「水素社会の実現」が脱炭素社会を実現するカギといっても過言でない．しかし，水素社会の実現には水素技術のコスト低減や解決すべき種々の技術課題がある．本章では，水素社会の実現に向けた現状と課題について概説していく．

第2節　水素エネルギーについて

1　水素エネルギーの必要性

　日本が水素をエネルギー源として利用するメリットとして，上述した二酸化炭素削減に関連する環境問題の解決に加えて，日本が抱える「エネルギー安全保障」の問題解決があると考える．IEA World Energy Balances 2020 の2019年推計値を見ると，2019年度の日本の自給率は12.1％であり，経済協力開発機構（OECD）諸国の中で極めて低い水準（36カ国中35位）である．この状況から明らかなように，日本のエネルギー自給率は極めて低く，現状では90％以上の一次エネルギー（自然界に存在する加工されていないエネルギー）を海外から輸入する化石燃料に頼っている．これに対して，水素は化石燃料に加えて水の電気分解

やバイオマスといった種々の方法から製造される．水素を用いることで，化石燃料のみに頼る必要はなくなり，日本が抱えるエネルギー安全保障の問題を解決できる可能性がある．

　加えて，もともと日本の水素技術競争力は世界トップクラスの高いポテンシャルがあり，水素特許のトータルパテントアセットスコアは群を抜いて世界1位である[2]．特に，燃料電池に関する多くの特許を取得している．このように，日本は水素に関して高い競争力を持っており，水素は産業の振興や地域の活性化に貢献できる技術であるといえる．日本エネルギー経済研究所によれば，日本の水素・燃料電池関連の市場は，2030年過ぎには約1兆円を超え，2050年には8兆円を超すと試算結果があり，水素に関連した産業の広がりが期待されている．このような観点から，コスト低減や技術開発だけでなく，人材育成も今後重要になってくる．

2　水素エネルギーの位置づけ

　二酸化炭素を排出しないエネルギーとして，水素は太陽光や風力を利用した再生可能エネルギーと良く比較されている．太陽光や風力は，石油など同じ「一次エネルギー」であるのに対して，水素は電気などと同じ「二次エネルギー」と言われる．二次エネルギーは一次エネルギーを転換・加工して得られるエネルギーであり，水素は太陽光や風力とは区別されるべきものである．電気は使いやすい二次エネルギーであるが，大量貯蔵や輸送（長距離の送電線は困難）には不向きである．例えば，送電線のない場所には電気を供給することはできない．電気を水素に変換し輸送・貯蔵することによって，このような問題を解決することができる．また，変動が激しい太陽光や風力などで得られた余剰電力を水素に変換し貯蔵しておけば，必要なときに水素から電力を取り出し利用することができる．災害時における電力確保は重要であり，このような状況にも水素技術は柔軟に対応できると考えられる．このように，水素は他の再生可能エネルギーや電気と対立する技術ではなく，こられの欠点をうまく補うことができる便利な二次エネルギーといえる．

表9-1　燃料電池の種類と特徴

種類	固体高分子形 PEFC	りん酸形 PAFC	溶融炭酸塩形 MCFC	固体酸化物形 SOFC
電解質	イオン交換膜	りん酸	Li_2CO_3-Na_2CO_3 Li_2CO_3-K_2CO_3	ジルコニア系セラミックス
作動温度	60〜80℃	〜200℃	600〜700℃	〜1000℃
使用可能燃料	H_2	H_2	H_2, CO	H_2, CO
原燃料	天然ガスメタノールなど	天然ガスナフサまでの軽質油	天然ガス石炭ガス化ガス	天然ガス石炭ガス化ガス
発電効率	30〜40% 改質ガス使用	32〜42%程度	〜60%	〜65%
発電出力	〜50 kW	〜1000 kW	1〜10万 kW	1〜10万 kW
特徴	低温作動高出力密度	比較的低温作動	高発電効率内部改質が可能	高発電効率内部改質が可能

（出所）燃料電池開発情報センター [2014].

3　燃料電池

　燃料電池とは，水素と酸素の化学反応から電気をつくるものである．中学校で習った水の電気分解の逆の反応である．燃料電池で得られるのは電気と水なので，二酸化炭素を出さないクリーンな発電方式といえる．表9-1に燃料電池の種類と特徴を示す．燃料電池の種類は電解質の違いにより，固体高分子形（Polymer Electrolyte Fuel Cell: PEFC），りん酸形（Phosphoric Acid Fuel Cell: PAFC），溶融炭酸塩形（Molten Carbonate Fuel Cell: MCFC），並びに固体酸化物形（Solid Oxide Fuel Cell: SOFC）に分類される．

　PEFC は電解質にイオン交換膜（固体高分子膜）を用いており，発電出力は50 kW 程度までで，比較的低い温度で作動する．システムが小型なので，家庭用（エネファーム）や自動車用で商品化されている．

　PAFC は電解質にりん酸を用いており，発電出力は1000 kW 程度までで，PEFC よりも高い温度で作動する．発電効率は PEFC よりも若干良好である．比較的高温で作動するので，工場などの業務施設での使用が一般的である．

　MCFC は電解質に炭酸リチウムなどを用いており，発電出力は 1 〜10万 kW 程度で，600〜700℃ の高温で作動する．発電効率は PEFC や PAFC に比

べて高い．排気ガスの再燃料化が可能なため，多くの二酸化炭素を排出する電力会社などでの活用が期待されている．

　SOFC は電解質にジルコニア系セラミックスを用いており，発電出力は 1 〜10万 kW 程度で，1000℃ 程度の高温で作動する．エネファームとしての開発が進み，商品化されている．PEFC と比べて発電効率が高いというメリットがある一方で，運転に必要な高温状態を維持するため，頻繁なオンオフが不可能というデメリットもある．

第3節　水素の安全性と材料に与える影響

1　水素の物性と安全性

　水素（元素記号：H）は原子番号 1 番の元素である．2 つの水素原子が結びついたものが水素分子（H_2）で，無色・無味・無臭の気体である．水素分子は単独で自然界に存在することはほとんどない．水（H_2O）や他の元素との化合物として地球上に大量に存在している．水素は質量では宇宙全体の約70％を占めており，宇宙で最も豊富にある元素である．表9-2 に水素ガス（H_2）と他燃料ガスの物性値を比較したものを示す．メタンは天然ガスの主成分である．他燃料ガスと比較した水素ガスの特徴は以下の通りとなる．

- 比重は0.0695で最も軽い気体である．
- 沸点は20.28 K（-253℃）であり，メタン（111.67 K）やプロパン（231.0 K）の沸点と比べて低く，水素を液化するためには-253℃ 以下に冷却する必要がある．
- 発火温度は572℃（空気中）であり，メタンやプロパンと比べて大差なく，自然発火しにくい．
- メタンやプロパンと同様に可燃性ガス（酸素などの酸化剤と反応して燃焼しやすいガス）であるが，空気中の可燃範囲が 4 〜75％と他の可燃性ガスに比べて広い．
- 拡散スピードが速く，燃えても火炎がみえにくい．
- 最小着火エネルギーは0.02 mJ 程度で，他燃料ガスのほぼ1/10と小さく，

表 9 - 2　水素と他燃料ガスの物性値の比較

物性	単位	水素	メタン	プロパン
化学式		H_2	CH_4	C_3H_8
分子量		2.0158	16.043	44.096
比重	空気＝1	0.0695	0.55	1.52
沸点	K	20.28	111.67	231.0
融点	K	13.81	90.69	85.5
発火温度（空気中）	℃	572	580	460
可燃限界（空気中）	Vol%	4.0〜75.0	5〜15	2〜10.5
窒素との相互拡散係数 （常圧，20℃）	cm^2/s	0.666	0.214	—
最小着火エネルギー	mJ	0.02	0.28	0.25
消炎距離	Cm	0.064	0.22	—
爆発時のエネルギー	MJ/m^3	9.3	32.3	94.3
燃焼速度（空気中）	m/s	2.65	0.4	0.43

（出所）　佐藤［2005］.

着火しやすい.

- 消炎距離（炎がどれくらい小さなすき間を通ることができるかを示す指標）は 0.06 cm 程度で，他燃料ガスより小さく，消えにくい.
- エネルギー密度（爆発時のエネルギー）が低い.
- 燃焼速度が他燃料ガスの 5 倍ほど速い（爆発時の威力が強い）.

　これらの特徴から，水素は燃焼性が高いことに加えて，可燃範囲が広く，着火しやすいガスといえる. 一方で，水素ガスは軽く，拡散スピードが極めて速いという特性がある. よって，仮に 4 ％以上の可燃範囲の水素が空気中に混ざったとしても，密閉された空間でなければ，水素は容易に拡散して水素濃度が低下するため，引火の危険性は低下する. 水素の燃焼や爆発は，密閉された空間において，大量の水素が漏洩し，そこに着火源が存在する条件が揃ったときに起こる. よって，このような条件が揃わないような安全対策（水素を漏らさない，漏れた水素を溜めない，着火源をつくらないなど）を講じておけば，水素を安全に使用することができる.

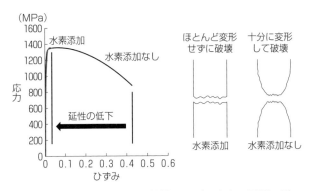

図9-1　金属材料の引張特性に及ぼす水素の影響の例

2　水素が材料特性に与える影響

　水素自体の特性は**表9-2**に示す通りだが，水素は最も小さい元素なので，金属材料内部に容易に侵入し，材料によっては強度や延性が低下する．**図9-1**に，金属材料の一種であるステンレス鋼を圧力100 MPaの水素ガスを用いて水素を添加した後，室温・大気中で伸長した試験の結果を示す．応力（単位面積当たりの荷重）とひずみ（試験片の伸び率で，伸びた長さを元の長さで除した値）の関係を示す．水素添加なしの場合には十分に変形して破壊したのに対して，水素添加ありの場合には，ほとんど変形せずに破壊している．このような現象を「水素ぜい化」と呼ぶ．水素については，水素自体の安全性に加えて，水素が材料中に入り込み材料の各種特性に影響を与えることも考慮する必要がある．損傷のメカニズムは金属材料と異なるが，ゴムなどの高分子材料についても，水素ガスが材料中に侵入することによって，ゴムの物性を変化させたり，破壊を引き起こす．材料の水素適合性（水素環境で使用することができる材料か否か）に関する研究開発は活発に実施されており，水素の影響を考慮した材料選択がなされている．

第4節　水素技術と水素社会実現に向けた動向

　2017年12月に，日本では世界初の水素国家戦略である「水素基本戦略」が策定された．2018年7月には，「第5次エネルギー基本計画」が策定され，水素

は脱炭素化に向けた新たなエネルギーの選択肢の1つとして位置づけれられた.
水素基本戦略と第5次エネルギー基本計画の目標を確実に達成するため,2019
年3月には新たな「水素・燃料電池戦略ロードマップ」が策定されている. 水
素技術全体を俯瞰［矢部・二木・佐伯 2021］すると,水素技術は製造技術,輸
送・貯蔵技術および利用技術に大別される. 水素社会の実現には,各技術にお
けるコスト低減と技術開発が必要である.

　水素には多様な製造方法があり,例えば,化石燃料改質などで化石燃料から
水素を製造し,製造時の二酸化炭素を回収せずそのまま大気中に放出する手法
がある. この方法で得られた水素をグレー水素と呼ぶ. これに対して,グレー
水素と同様に化石燃料から製造するが,製造時の二酸化炭素を大気排出する前
に回収する方法で得られた水素をブルー水素と呼ぶ. また,水電解など利用し,
再生エネルギーを用いて製造した水素をグリーン水素と呼ぶ. 現状では化石燃
料から水素を製造しているが,将来的に二酸化炭素フリー水素の製造を目指し
ている. 水素基本戦略では将来の目指すべき姿と2030年の数値目標が示されて
おり,現在100円/Nm^{3}の水素コストを2030年頃には30円/Nm^{3}程度,将来的
には20円/Nm^{3}程度まで低減することを目標としている.

　輸送・貯蔵分野については,表9-2に示したように水素のエネルギー密度
（メタンの1/3程度）が低い. よって,そのままの形で輸送・貯蔵することは少な
く,エネルギー密度を高める工夫がなされている. 現在,広く使用されている
のが圧縮水素で,その他として液体水素や水素を有機物に化合させた形（有機
ハイドライド）がある. 燃料電池自動車（FCV）に水素を供給する水素ステー
ションには100MPa級の圧縮水素を用いており,水素基本戦略では2020年まで
に160カ所程度,2030年までに900カ所程度の水素ステーションを整備すること
を目指している. その上で,水素ステーションの設備費を,現状の3.5億円か
ら2025年頃には2億円へ低減する目標が設定されている. 同様に,水素ステー
ションのランニングコストについても現状の3400万円/年から2025年には1500
万円/年へ削減する目標が掲げられている.

　水素利用分野においては,燃料電池で電力をつくり利用する方法と水素を燃
やして使う方法がある. 電力をつくり利用する方法としては,定置用燃料電池
や燃料電池自動車（FCV）などへの利用がある. 従来技術を水素技術で代替す

るので，水素の利用拡大には従来技術に対する水素技術のコストが重要となり，同程度のスペックのハイブリッド車（HV）とFCVの実質的な価格差を300万円程度から70万円程度まで引き下げることを目標にしている．FCVの台数については，2020年までに4万台程度，2025年までに20万台程度，2030年までに80万台程度を普及させることを目指している．

　水素を燃やして使う方法として水素発電がある．水素そのものを燃焼させた熱エネルギーでタービンを回して電気エネルギーを取り出す技術である．

第5節　水素の製造技術，輸送・貯蔵技術，利用技術

1　水素製造技術

　水素は種々の方法で製造されている．代表的なものは，化石燃料からの製造，副生水素，水の電気分解，並びにバイオマスである．いずれの地域においても水素を製造できる可能性がある．この特長を活かして，エネルギーの「地産地消」を目指した取組みも始まっている．このような取組みは，産業の振興や地域の活性化に貢献するものである．

　化石燃料からの製造では，化石燃料を水蒸気と化学反応させ，発生したガスから不要なガスを取り除き，純粋な水素を得る方法である．比較的安価に大量の水素を製造できる一方で，製造過程で二酸化炭素を排出するという問題がある．

　副生水素は，製造工程において本来の生産物とは別に副次的に得られる水素である．苛性ソーダなどの製造プラントから副生水素が得られる．水素は副次的に得られるので製造コストは安いが，副生される水素は限られ大量生産は困難である．

　水の電気分解とは，水の電気分解によって得られる水素である．電気分解で得られる水素は高い純度を有するが，製造に電気が必要である．化石燃料由来の電気を用いれば，比較的製造コストは安価だが，発電時に二酸化炭素が排出される．一方，再生可能エネルギー由来の電気を用いれば二酸化炭素は全く排出されないが，製造コストは高くなる．

　バイオマスでは，森林資源，廃材，下水汚泥，食品廃棄物などのバイオマス

を高温で加熱し，水蒸気などと反応させて水素を得る方法である．製造の際，水素以外のガスも発生するので，分離する作業が必要となる．

2 水素輸送・貯蔵技術

水素の輸送・貯蔵の方法としては，圧縮水素，液化水素，有機ハイドライド，パイプライン，アンモニア，水素吸蔵合金がある．ここでは，圧縮水素，液体水素および有機ハイドライドについて紹介していく．

圧縮水素では，圧縮した水素ガスを蓄圧器や水素タンクに充填する．現在のFCV では70 MPa の圧縮水素を使っており，水素ステーションでは82 MPa 程度の圧縮水素が蓄圧器に充填される．なお，水素ガスに限らず，1 MPa 以上のガスは高圧ガス保安法の規定対象となる．水素ステーション用機器には，水素ぜい化の問題を懸念して，ニッケル当量材と呼ばれるニッケル当量を規定した高価なステンレス鋼が主として使用されている［山田・小林 2012］．使用可能材料が限られているこの状況が，水素ステーションのコストを高止まりさせている要因の1つとなっている．水素社会の普及・拡大には水素ぜい化のメカニズムを的確に把握し，低コスト材料の使用を可能にしていくことが不可欠である．

液化水素は，水素ガスに比べて体積が1/800程度になることから，大量輸送・大量貯蔵が可能である．また，気化することで純度の高い水素が取り出すことができること，並びに液化天然ガス（LNG）と同様なインフラ構成を持つことなどの特長がある．一方，海上輸送や貯蔵に関する新規のインフラ整備の技術開発が課題である．国際的なサプライチェーンの構築として，オーストラリアの褐炭（水分や不純物が多い品質の悪い石炭）から製造した安価な水素を日本に液化水素運搬船で輸送するプロジェクトが行われている．

有機ハイドライドでは，水素を芳香族化合物（トルエンなど）と水素添加反応させることで飽和環状化合物（MCH：メチルシクロヘキサン）に転換し，これを水素の貯蔵輸送媒体として用いる．体積が水素ガスの1/500程度の常温・常圧の液体として貯蔵し，輸送することができる．取り扱いが容易なので，既存の輸送インフラを活用できるといった利点がある．一方，水素化や脱水素化の設備に関する技術開発が必要である．液体水素と同様に国際的なサプライチェーンの構築として，ブルネイのLNG プラントから水素を製造し，その水素を

MCH に変化して日本まで海上輸送するプロジェクトが行われている．

3 水素利用技術

水素利用については，水素発電などのエネルギー転換分野，燃料電池を用いる FCV，FC バス，FC トラックなどの運輸分野，製鉄や燃料・化学品製造などの産業利用分野，およびエネファームなどの業務・家庭・その他の 4 つの分野において大幅な需要拡大が見込まれている．第 2 節 1 で述べたように日本は燃料電池に関する多くの特許を持っており，世界のトップランナーといえる．一方で，水素利用における最大の課題はコストであり，水素利用技術を普及・拡大させていくためには水素技術のコスト低減が不可欠である．

水素利用の例として，FC フォークリフト[3]について紹介する（表 9-3）．食品などを保管する倉庫では，排気ガスのない電動式フォークリフトの使用が好まれるが，バッテリーを充電するのに 6 ～ 8 時間かかる．また，電力使用量は限られているため，同時に多数のバッテリーを充電できない．このため，1 台のフォークリフトを継続的に稼動させるためには，複数個のスペアバッテリーが必要で，大きなスペースを確保しなければならない．電動式フォークリフトを FC フォークリフトに変えれば，3 分程度で充電が可能となる．スペアバッテリーを保管するスペースを確保する必要がなくなり，かつ排気ガスを出さないことから，コスト面の課題もあるが，FC フォークリフトのメリットは大きいといえる．

FCV と電気自動車（EV）について比較した例（表 9-4）も紹介する．FCV は EV と同様に，二酸化炭素を排出しないクリーンな車であるが，現状での普及台数は全く異なっている．2019年 3 月時点で，国内の乗用車の保有台数は，FCV が3009台，EV が10万5919台であり，圧倒的に EV の普及が進んでいる．また，水素ステーションに対して充電スポットは桁違いに多く，インフラ整備においても EV が進んでいる．車の価格とスタンド数の違いが，圧倒的に EV が普及している理由と考えられる．しかし，FCV は EV に比べて航続距離が長く，充電時間は 3 分程度と EV と比べて短いというメリットがある．また，長距離走行が可能なバッテリーが開発されたとしても，バッテリーの経年劣化により，走行距離が短くことが予想され，EV による長距離走行には不安が残

表9-3　FCフォークリフトとEVフォークリフトの性能比較

項目	FC	EV
燃料補給時間	3分程度	6～8時間（電力使用量は限られているため，同時に，多数の鉛電池を充電できない）
バッテリーや容器の保管スペース	不要	大きなスペースが必要（1台を継続的に稼動させるため，複数個のスペアのバッテリーが必要）
フォークリフトの価格	高い	安い

（出所）「燃料電池（FC）フォークリフトの取組みについて」（https://www.meti.go.jp/committee/
kenkyukai/energy/suiso_nenryodenchi/suiso_nenryodenchi_wg/pdf/004_s02_00.pdf）を基に
筆者作成.

表9-4　FCVとEVの比較

項目	FC	EV
充電時間	短い（3分程度）	長い（80%の充電に30～60分程度）
航続距離	長い（650km程度）	短い（400km程度）
用途	週末のドライブなどの遠距離走行	都市部や日常生活での近距離走行
車のサイズ	大型の乗用車向き	小型の乗用車向き
普及台数	3,000台程度	106,000台程度
スタンド	132カ所	18,270カ所
価格	EVに比べて高い（740万円程度）	FCVと比べて安い（400万円程度）
その他	商用車	部品点数が少ない

（出所）今村［2020］.

る．このため，FCVは長距離走行に適しており，トラックやバスに向いている．実際，FCバスの普及は進んでおり，欧米では既にFCバスを路線バスとして使用している例もある．日本においては，水素ステーションの整備状況がFCV普及の前提となるが，FCVとEVにはそれぞれ長所と短所があるので，用途に応じたすみ分けが今後進んでいくと考えられる．

第6節　おわりに

日本は，地球温暖化や化石燃料の枯渇といった世界的な問題に加えて，エネルギー安全保障の問題も抱えている．水素は，太陽光や風力などの再生可能エ

ネルギーや電気と対立する技術ではなく，これらの欠点をうまく補うことができる便利な二次エネルギーといえる．水素技術には，製造技術，輸送・貯蔵技術，利用技術がある．それぞれの技術において課題があるものの，水素はさまざまな資源からつくることができ，エネルギーとして用いても二酸化炭素を出さないといった特長を有しており，「脱炭素社会の実現」のカギになる技術であると考えられる．水素の特長を活かし，災害時の電力確保やエネルギーの地産地消など，さまざまな分野での適用が期待される．

注

1） 資源エネルギー庁 HP「日本のエネルギー 2021年度版『エネルギーの今を知る10の質問』」（https://www.enecho.meti.go.jp/about/pamphlet/energy2021/001/，2022年10月20日閲覧）．
2）「水素産業分野で日本の技術力は世界イチ！研究投資の中心は水素製造と燃料電池──世界の有望企業/大学研究機関の技術資産スコアランキング──」（https://www.astamuse.co.jp/report/2021/0706/，2022年11月1日閲覧）．
3）「燃料電池（FC）フォークリフトの取組みについて」（https://www.meti.go.jp/committee/kenkyukai/energy/suiso_nenryodenchi/suiso_nenryodenchi_wg/pdf/004_s02_00.pdf，2022年11月2日閲覧）．

参考文献

今村雅人［2020］『水素エネルギーの仕組みと動向がよ〜くわかる本』秀和システム．
佐藤保和［2005］「安全に関わる水素の性質」『安全工学』45（6）．
燃料電池開発情報センター［2014］『図解燃料電池技術』日刊工業新聞社．
矢部彰・二木栄・佐伯祐志［2021］「地球温暖化防止のための水素技術に関する今後の展望」『ふぇらむ』26（4）．
山田敏弘・小林英男［2012］「水素ステーション設備に使用する材料の選定基準」『高圧ガス』49（10）．

カーボンニュートラル燃料

第1節　はじめに

　カーボンニュートラルな社会を構築するためには太陽光発電，太陽熱発電，風力発電など再生可能エネルギーによる電力（再エネ電力）を有効に活用する必要がある［科学技術振興機構 2013］．先進各国では太陽光発電，太陽熱発電，風力発電などが大量に導入されつつある．しかし，これらの電力は地球規模の偏在や，時間的，季節的な変動が大きく，需要に整合しない．電力の貯蔵には蓄電池を使えばよいと思われるが，蓄電池の容量は社会規模の電力を貯蔵するには微小すぎる．日本の電力需要は年間で約1兆 kWh 付近を推移している．これは3.6×10^{18} J と換算され，1カ月分の電力は3.0×10^{17} J である．この電力を貯蔵するには，大電力用のナトリウム硫黄電池の容量を110 Wh/kg とすると，7.6億トンのナトリウム硫黄電池が必要である．7.6億トンという量の，蓄電池という構造を持った製品を作れるかというと，絶望的な量である．リチウムイオン電池も容量は電気自動車などの大電力用のものでは120 Wh/kg 程度であり，ナトリウム硫黄電池と容量に大差はない．数百 kg の蓄電池を各家庭に設置すれば，再エネ電力だけで生活できるように思われるが，社会全体で考えると蓄電池の容量では絶対的に足りない．

　砂漠や極地など，太陽光や風力のエネルギーが豊富な地域から，人口の多い地域へエネルギーを輸送することも，再エネ電力の大量導入には必要である．長距離の電力輸送には送電線を引けばよさそうであるが，送電線は1000 km 程度の距離を超えると電力の損失が顕著になる．電力の移動媒体としての蓄電池を利用することも，重量がかさむだけで容量が全く足りない．

　この1カ月分の電力のエネルギーを化学燃料で貯蔵することを考える．3.0

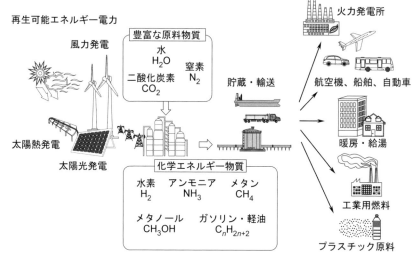

再生可能エネルギー電力

風力発電

豊富な原料物質
水
H_2O
二酸化炭素
CO_2
窒素
N_2

貯蔵・輸送

火力発電所

航空機、船舶、自動車

太陽熱発電

太陽光発電

化学エネルギー物質
水素
H_2
アンモニア
NH_3
メタン
CH_4
メタノール
CH_3OH
ガソリン・軽油
C_nH_{2n+2}

暖房・給湯

工業用燃料

プラスチック原料

図10‐1　カーボンニュートラル燃料の概要

$\times 10^{17}$ J は水素のエネルギー（燃焼熱）に換算すると水素210万トンになる．210万トンと言われても感覚的にわからないが，日本は有事に備え，常に約8000万kL（約7000万トン）の原油を国家備蓄として貯蔵しながら使っていることを考えると，石油備蓄基地より小規模な設備で貯蔵できるものである．また，石油タンカーは30万トンクラスのものが普通であり，重量のみを考えれば210万トンを運ぶのであれば数隻で足りる計算になる．また，世界には天然ガス等のパイプラインが大陸規模で敷設されているところがあるが，電力と異なり化学物質はパイプラインを使えばどのような遠くにも化学物質の損失なく送ることができる．水素から誘導される他の化学燃料に変換すると，水素質量換算でアンモニア1200万トン，メチルシクロヘキサン3500万トン，メタン420万トンになる．どの化学燃料の量も十分備蓄可能であり，再エネ電力を有効に使うためには，電気エネルギーを化学エネルギーに変換し利用することが最善策といえる．このように再エネ電力によって，地球上に豊富に存在する低エネルギー物質である，水，二酸化炭素，窒素などから得られる化学燃料がカーボンニュートラル燃料として期待されるものである．このカーボンニュートラル燃料の概要を図10‐1に示す．

　持続可能な植物資源，いわゆるバイオマスから得られる燃料もカーボン
ニュートラル燃料である．化石資源を大量に使い始めた産業革命の前までは，
人類はバイオマスを主なエネルギー源として生活していたので，バイオマスは
カーボンニュートラルな確実なエネルギーの入手元であることには間違いはな
い．しかしながら，80億人に近い人類が先進的な生活を送ろうとする現代を，
バイオマスをエネルギーの中心として支えられるかは意見が分かれる．通常の
植物の光合成の太陽エネルギー変換効率は1％以下であり，太陽熱発電の15〜
30％，太陽光発電の15〜20％と比べると効率は心細い．地球上の植物の光合成
のエネルギー生産量は人類の消費エネルギーの10倍以上と言われるが，地球上
の10分の1の植物を人類が利用した時の生態系への影響は計り知れない．自然
環境に悪影響を及ぼさない範囲でバイオマス資源を増産し，これまで捨ててい
たバイオマス資源を有効利用することは，もちろん大切であるが，バイオマス
資源に過度に頼ることはできない．本章では太陽光発電，太陽熱発電，風力発
電など最新の科学技術に基づいた再エネ電力からの燃料生産について話を進め
る．

第2節　水素と水素から誘導される燃料物質

　再エネ電力によって水を電気分解して得られた水素と酸素は製造に二酸化炭
素排出を伴わないカーボンニュートラルなものである．水素は空気中で燃焼さ
せれば熱を取り出すことができ，また燃料電池などの燃料とすれば直接電気に
変換することもできる．燃焼や発電にも二酸化炭素排出を伴わない．このよう
に水素や水素から得られる物質をエネルギー媒体として用いることを水素エネ
ルギーと呼ぶ［戸田・矢田部・塩沢 2021：水素エネルギー協会 2017：2019］．水素エ
ネルギーとは電気エネルギーと同じで，二次エネルギーであり，一次エネル
ギーではない．水素はどこからか産出されるものではなく，再エネ電力で作る
か，バイオマス資源から作るか，石炭，石油，天然ガスなどの化石エネルギー
から作るかしなければならない．再エネ電力やバイオマス資源から水素を作れ
ば，カーボンニュートラルな水素であるが，化石エネルギーから作る場合には
二酸化炭素を排出して得た水素である．再エネ電力やバイオマス資源がなけれ

表10-1　主な水素キャリアの特性

	水素	液化水素	アンモニア	メチルシクロヘキサン
化学式	H₂	←	NH₃	C₇H₁₄
分子量 g/mol	2.0	←	17.0	98.2
沸点 ℃	-253		-33.4	101
標準燃焼熱 kJ/mol	286	←	382.6	
質量水素密度 wt%	100	←	17.8	6.16
体積水素密度 kg/100L	2.0 35MPa	7.06	12.1 液体	4.73
水素放出に必要な熱 kJ/mol-H₂	—	0.899	30.8	59.4
直接型燃料電池の理論起電力 V	1.23	←	1.17	1.07
世界年間生産量 t	4500万	—	1億7000万	—
特徴			20℃, 0.86MPaで液化	

$$C_7H_{14}$$

ばカーボンニュートラルな水素は得られない．水素を化石エネルギーから得ても，生成した二酸化炭素を大気に放出せず，二酸化炭素回収・貯留（CCS）技術により地中に貯留すればカーボンニュートラルとみなせる．しかし，エネルギー問題の本質は化石エネルギーを使用し続ければ必ず枯渇することであり，二酸化炭素回収・貯留技術は一時的な回避策でしかない．

　水素エネルギーとそれから合成されうる化学エネルギー物質の物性を**表10-1**にまとめた．これらは，水素から合成することができ，また水素を取り出すことができるため水素キャリアと呼ばれる．**表10-1**からわかるように，水素そのものを水素エネルギーとして使うことはあまり効率的ではない．水素は常温常圧では気体であり，貯蔵するには莫大な体積が必要である．常温常圧の気体の水素は，100Lあたり9gしかなく，ごくわずかの質量の水素しか容器に貯められない．350気圧の高圧にすれば100Lあたり2.0kgになるが，それでも質量は液体燃料に比べごく僅かである．350気圧や700気圧の水素容器は自動車用の数十L規模の小型のものは作れるが，石油備蓄基地のような大型のものは作ることはできない．水素を吸蔵できる水素吸蔵合金も研究されてきたが，吸蔵できる水素の量はそれほど多くはなく，貯蔵材料の重量がかさむため一部

アンモニア

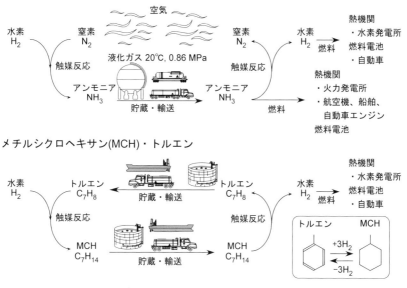

図10‑2　水素キャリアを用いるエネルギーシステム

でしか利用されていない．このため多量の水素を高い密度で貯蔵するのには液化水素が最も注目されている．従来より宇宙ロケットなどでは液化水素を燃料としていて，液化水素は古くから用いられている燃料である．現在，液化水素を海外から輸入するための液体水素船の建造などの社会実証が進められている．水素は常圧で－253℃の沸点をもち，液化水素として貯蔵するためにはこの温度以下に保つ必要がある．このような極低温を維持するのは困難で，液体水素は常に沸騰していて，タンクからは常に水素が放出されるため（ボイルオフ），数カ月以上の長期貯蔵は困難である．また，液化水素は100Lあたり7kgの密度しかなく，エネルギー密度は大きくない．

　水素エネルギー社会の中で，水素から誘導される化学エネルギー物質としてアンモニアとメチルシクロヘキサンが期待されている．これらの化学エネルギー物質の概要を図10‑2に示す．アンモニアは空気の主成分である窒素と水素を触媒反応させて得ることができる．アンモニアは20℃で0.86MPaで液化することができるため，液化石油ガス（LPG），通称プロパンガスのように液体

燃料として取り扱うことができる．触媒反応で分解して水素を取り出すこともでき，この水素を燃焼や燃料電池で使うことができる．窒素はもともと大気の主成分なので，どこに捨てても問題はない．また，アンモニアは燃焼させると基本的には窒素と水しか生成しないので，排気ガス成分は空気と同じである．アンモニアはロケットエンジンや，自動車のエンジンの燃料に使われた例が古くからあり，実用性が高いことは証明されている．現在，日本ではアンモニアを火力発電所の燃料として使用する計画が進められている．物質を空気中で燃焼させると，燃料が窒素を含むかに関わらず，空気中の窒素と酸素が高温で反応し窒素酸化物（NO_X）が発生する．現在の工業的な NO_X の除去法は，アンモニアと触媒を使用した選択的触媒還元法（SCR），いわゆるアンモニア脱硝法である．もしアンモニアの燃焼で NO_X が発生しても，アンモニアの一部を用い，選択的触媒還元法によって NO_X は容易く除去できる．アンモニアは刺激臭の強い毒性の気体で，一般市民が直接取り扱うことはできないことが欠点の1つである．

　メチルシクロヘキサンはトルエンを触媒反応で水素化して得られる物質である．水素化や脱水素が容易に起き，水素の出し入れが可能な有機化合物は有機ハイドライドと呼ばれ，ベンゼン・シクロヘキサン系，ナフタレン・デカリン系なども検討されたが，発ガン性がないことや液体であることからトルエン・メチルシクロヘキサン系が有望視されている．メチルシクロヘキサンもトルエンもガソリン状の物質でありケミカルタンカーで大規模に輸送することもできるし，石油タンクのようなものに年単位で貯蔵することもできる．メチルシクロヘキサンは触媒反応によってトルエンと水素に分解することができ，水素をエネルギーとして熱機関や燃料電池で使うことができる．残ったトルエンは水素のキャリアであるので生産地に戻さなければならない．アンモニアの原料は大気の主成分であるので，大気から得て大気に捨てればよいが，メチルシクロヘキサンの場合はトルエンは重要なキャリア物質であり，水素の生産地に送り戻さなければならない．アンモニアに対してメチルシクロヘキサンの不利な点は，分解して水素を取り出して使用することが必須なことである．そのまま燃焼させてしまえばキャリアのトルエンまで燃えて二酸化炭素と水になり，水素キャリアではなくなる．

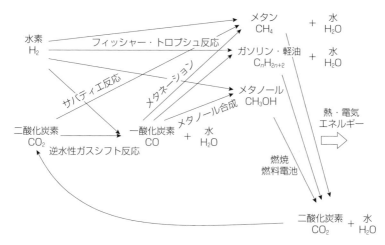

図10‐3　水素と二酸化炭素から得られる代表的な燃料物質

　水素エネルギーとしてアンモニアとメチルヘキサンが注目されるが，これは二酸化炭素排出を伴わない化学エネルギー物質であるからであり，カーボンニュートラルな化学燃料群は他にもある．本来なら大気に排出されるはず，もしくは大気から収集された二酸化炭素を，再生可能エネルギーから得られた水素と反応させて得た化学エネルギー物質は，これを燃焼させ生成した二酸化炭素は再び原料としてリサイクルできるので，カーボンニュートラルである．二酸化炭素を水素キャリアとしてとらえればよく，二酸化炭素から極めて多くの種類の化学エネルギー物質をカーボンニュートラル燃料として製造することができる．図10‐3に二酸化炭素と水素から得られる代表的な燃料物質を示す．もともと現在の我々の文明は石炭を利用することを始めた産業革命の頃が発端である．石炭は主に炭素（C）からなる化石エネルギーであり，これに水と酸素と反応させると水素（H_2）と一酸化炭素（CO）が得られる．この水素と一酸化炭素の混合ガスのことを合成ガスと呼び，これからさまざまな有用物質を作ることができ，化学産業の中で重要な原料である．化石エネルギーは時代により石炭から石油，さらには天然ガスなどに変化しているが，合成ガスはどのような化石エネルギーからも容易に得られ，これからさまざまな化学品を作ることができる．第二次世界大戦中には，ドイツでは，石炭から得た合成ガスから

フィッシャー・トロプシュ反応でガソリンや軽油を大量に合成して戦争に使用していた。現在では，安価な天然ガスや石油ガスから市場価値の高いガソリンや軽油を生産している国も少なくない。水素を再エネ電力を用いた水電解などから得て，一酸化炭素も，このような再生可能エネルギーから得た水素と，大気中もしくは大気に放出されようとしている二酸化炭素から得れば，生成した有機燃料は燃焼させれば二酸化炭素が排出されるが，もともと大気中にあるものなのでカーボンニュートラルである。現在，我々はメタン，ガソリン，軽油，メタノールなどを利用しているため，利用側のインフラは整っていて，最も社会導入が容易なカーボンニュートラル燃料でもある。都市ガス，自動車，船舶，航空機，発電所など既存の設備，装置で使用できるのが最大のメリットである。ただし，二酸化炭素を大気中に一度放出してしまうと濃度が希薄なため回収には大きなエネルギーを要する。このため，発電所など大規模なところで使用し，その場での二酸化炭素を回収することが好ましく，自動車や各家庭で使用し二酸化炭素を大気に放出することは好ましくない。

第3節　電解技術

太陽光発電，太陽熱発電，風力発電など再エネ電力から化学エネルギー物質を作るためには電気分解の電解合成など電解技術が必要であるが，現在の科学技術の中の電解技術は極めて初歩的なものしか存在していないといって過言ではない。人類が電気で工業的に生産している化学物質は，酸化アルミニウム鉱物（ボーキサイト）から電解精錬で得られる金属アルミニウム，海水からソーダ電解で得られる塩素と水酸化ナトリウムぐらいのものしかない。いずれも化学エネルギー物質を生産しているものではない。ソーダ電解では陰極から水素が発生するが水素製造を目的としたものではなく，あくまで副生品である。水電解による水素製造をしている地域も世界的には存在するが，ほんの一部である。電気メッキや貴金属の電解精錬も電気化学を用いる工業技術であるが，物質を電極から電極に移しているもので，電気エネルギーで化学エネルギー物質を作っているとは言い難い。

何故，電気から何らかの物質を作る技術を，我々が持ち合わせていないのか

は明確である．電気エネルギーも水素エネルギーと同じで二次エネルギーである．世界のほとんどの国は化石エネルギーを燃料とした火力発電を中心として電気エネルギーを得ている．火力発電所は熱機関であるので，燃料のエネルギーを全て電気エネルギーに変えることはできず，燃料を燃焼させたエネルギーの約40%が電気になる．残りの60%のほとんどは熱となり温水として海などに捨てられる．このように電気エネルギーの単価は，本質的に化石エネルギーの2倍以上になるので，電気によって何かを作るという技術は，よほど特殊なもの以外は成立しない．水素も火力発電の電気から水電解で作るより，火力発電で使う化石エネルギーから化学反応で直接得れば，遥かに大量の水素が得られる．

　しかし，現在では余剰な太陽光発電，太陽熱発電，風力発電の電力の存在は顕著である．九州電力では，2020年春季の晴れた日の正午頃に，約300万kWもの太陽光発電を需要がないため停止したと発表している．この電力は既存の揚水型水力発電所や蓄電設備で吸収しきれない．このエネルギーは値段が付けられることもなく，ただ捨てられているエネルギーである．300万kWで昼間4時間分のエネルギーをアンモニアで換算すると約1800トンになり，晴れた日1日に九州だけで小型タンカー1隻分エネルギーを無駄にしていることになる．もちろん，夜間や曇天の日には電力は全く足りないので，火力発電所は稼働し続けなければならない．この止められている太陽光発電，風力発電などから如何にして有用物質を生産するかが，今後のカーボンニュートラル社会の構築の鍵となることは間違いない．

　近年では，燃料電池技術が発達し，燃料電池自動車，家庭用燃料電池，ビル用燃料電池など多様な製品が実用化している．化学エネルギーから電気エネルギーへの直接変換も非常に重要な化学技術であるが，燃料電池は普及に成功しているとは言い切れないものが多い．この理由は明確である．化学エネルギーは燃料電池がなくとも，熱機関で燃焼させれば運動が得られ，発電することが可能である．熱機関に対し効率と価格で十分なアドバンテージがあれば，燃料電池は普及できるが，僅差だった場合はなかなか進まない．逆に，電気エネルギーから化学エネルギーへの変換を考えると，電解技術を使うこと以外に方法がほとんどない．電気エネルギーにより水から水素を取り出すことを考えた場

合，水を電気分解することが最も効率が高く簡単な方法で，電気エネルギーを熱や光のエネルギーに変えてから，化学エネルギーに変換することは，プロセスを困難にするだけである．

　人類は電気エネルギーから化学エネルギー物質を製造するための既存の技術は水の電気分解から水素を得ることしかないので，水の電気分解から話から進める．水の電気分解で水素が得られることは1800年頃に知られたことである．水力発電が盛んな一部の国では水電解による水素製造が工業的に行われている．現在，工業的に用いられようとしている水電解法には3つの方法があるが，その中でもアルカリ形水電解は最も広く使われる方法である．電解液は水酸化ナトリウムや水酸化カリウムの水溶液である．電解液はアルカリ性なので電極はニッケル等でよく，貴金属は必要ないことも特長である．近年ではさまざまな電極材料が提案されている．

　燃料電池では固体高分子形燃料電池が燃料電池自動車に用いられているが，この装置を逆反応の水電解に用いるようにしたものが高分子膜形（PEM形）である．燃料電池と異なり水電解では酸素発生側の陽極の電位が高いため，炭素材料を使用すると劣化が顕著であり，固体高分子形燃料電池とは違う電極材料が用いられる．燃料電池ではもっぱら炭素担体に付着した白金微粒子が用いられるが，水電解の陽極ではチタン金属を基材とし白金やイリジウムの微粒子を付着させたものを用いる．水素発生側の陰極は燃料電池と同様に炭素担体に付着した白金微粒子が用いられる．高分子膜は燃料電池同様にフッ素系の高分子のプロトン伝導膜が用いられる．プロトン伝導膜は酸性であるため貴金属の電極材料が必須である．高分子膜は固体で頑丈なため，数十MPaの高圧水素を直接製造できる装置もある．フッ素系の高分子や貴金属を多量に使うため，コストが高く大型の装置には向いていない．アルカリ形水電解や高分子膜形水電解では比較的低温であるため，理論電解電圧よりも余分な電圧（過電圧とよぶ）が大きく，エネルギー変換効率は60〜80％程度となる．

　固体酸化物形の水電解も近年では注目されている．これも燃料電池の逆動作をさせるものである．家庭用燃料電池として800〜1000℃で運転される固体酸化物形燃料電池が実用化され，効率が高いので普及が進んでいるが，これを水電解に応用するものである．高温になると反応速度を上げるための活性化過電

表10‑2　水電解の種類

	アルカリ形	高分子膜形	固体酸化物形
作動温度	室温〜200℃	室温〜80℃	800〜1000℃
電解質	NaCl, KCl 水溶液	高分子膜	ZrO_2
陰極（カソード）	ニッケル等	白金	ニッケル
陽極（アノード）	ニッケル等	白金, イリジウム	遷移金属酸化物

圧が小さくなり，電解に必要な電圧が理論電圧に近づくので，高効率な電気分解が期待されている．

第4節　直接電解技術

　前節で述べたように電気エネルギーで化学エネルギー物質を作る技術は水電解程度しか現在の人類は持ち合わせていない．しかしながら，燃料電池では，水素燃料でなくとも，メタンなど有機燃料やアンモニアを直接用いることのできるものが存在することから，水電解による水素生産以外にも電気分解で有用な化学物質を直接合成できる可能性は大きい．図10‑4に可能性のあるさまざまな電解合成の模式図を示す．電解質は水素イオン伝導性のものを仮定している．

　現在，注目されている電解技術として，二酸化炭素を電気化学的に一酸化炭素に還元する手法が現実的なものになりつつある．水溶液や高分子膜を用いた常温付近での電解と，固体酸化物形を用いた高温電解が研究されている．図10‑3のように二酸化炭素から一酸化炭素を得るのであれば，水素で逆水性ガスシフト反応を行う必要があるが，電気化学的に二酸化炭素を一酸化炭素に還元するのなら水素ではなく直接電気エネルギーが使える．

　一酸化炭素ではなく有用な有機化合物，例えば炭化水素やアルコールを二酸化炭素から電気分解で直接還元して得ることは，現在では未だ上手くいっていない．メタンやエチレンやギ酸など多種多様な有機物が得られ，特定の生成物を得ることが困難で，過電圧が大きく効率が悪いことから実用化にはまだ遠い．アンモニアの電解合成に挑戦する研究者は多いが，これも工業レベルとは程遠い初歩的な段階である．メチルシクロヘキサンを電気エネルギーと水により水素化して得る電気化学装置は比較的研究開発が進んでいて，高分子膜型電解装

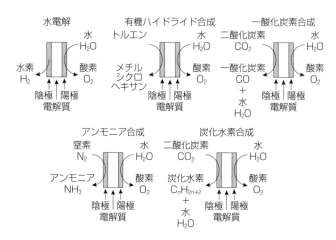

図10-4　電力による化学エネルギー物質合成

置を用いて実用化できる段階に近づいている．

　直接電解技術の開発の要になるのは，中温域の電気化学技術を確立することにあると考えられる．室温の水溶液中での電気化学では，活性化エネルギーを超えられる化学反応には限りがある．図10-3の有機物を得るための各種の化学反応は200～600℃程度の中温域で行われるもので，この温度域ではさまざまな化学反応を活性化することができ制御できる．一方，固体酸化物形のように800℃を超えると，水素や一酸化炭素のような簡単な小分子しか存在しなくなり，アンモニアや有機物は熱力学的に分解してしまうので，合成が困難である．筆者らは200～250℃の電気化学システムを用いた，電気による水と窒素からのアンモニア合成や，水と二酸化炭素からのメタン合成を研究している［Aika and Kobayashi 2022］．

第5節　おわりに

　現代の化学技術は化石資源から如何に人類に有用なさまざまな燃料や化成品を作るかということに特化し成長をしてきた．今後は再エネ電力が，化石資源に替わるエネルギーの入り口であり，これと地球上に豊富に存在する物質から，人類に有用な燃料や化成品を作る方法を考えなくてはならない．我々が科学技

術への飽くなき挑戦を続け，再エネ電力の新たな有効利用法が見いだし，我々
の社会がカーボンニュートラルに近づくことを期待したい．

参考文献

〈邦文献〉

科学技術振興機構研究開発戦略センター環境・エネルギーユニット［2013］『再生可能エ
　　ネルギーの輸送・貯蔵・利用に向けたエネルギーキャリアの基盤技術』．

戸田直樹・矢田部隆志・塩沢文朗［2021］『カーボンニュートラル実行戦略——電化と水
　　素，アンモニア——』エネルギーフォーラム．

水素エネルギー協会［2017］『トコトンやさしい水素の本　第2版』日刊工業新聞社．

————［2019］『水素エネルギーの事典』朝倉書店．

〈英文献〉

Aika, K. and Kobayashi, H.［2022］*CO₂ Free Ammonia as an Energy Carrier: Japan's
　　Insights,* Springer.

第11章

これからの電力需給システム

第1節　はじめに

　電力システムは，歴史的に大きな変遷を遂げてきた．明治から大正時代は電力会社が競争を繰り広げる時代であったし，戦時中は国営の日本発送電が発電・送電を担い民間会社が小売りを担う体制であった．1951年に日本発送電が分離され，現在のような9電力会社となった．その後，高度成長とともに電力需要が増大したことから，1964年に電気事業法が制定され，電力供給は国策として政府の主導のもとに，地域での電力会社が供給を担う体制が構築された．

　この体制は，高度経済成長の終わりと共に電力需要の伸びも鈍化（1974～1994年の伸びは3.5%/年）したことから，国主導の電源開発法は2000年に廃止された．この時代は，予備率が7%近くあり，供給余裕があった．しかし，東日本大震災によって多くの発電所が罹災したことから電力の供給不足が発生した．東京電力では当時の供給力5200万kWのうち2100万kWの電源が使えなくなった．その結果，想定需要4100万kWに対し供給力が3100万kWと大幅に不足する状況になった．震災直後の2011年3月に，のべ10日間の計画停電が実施され，夏には15%の節電が求められた．

　一方，1995年の電気事業法改正による発電部門の自由化が進むと，電力供給の責任があいまいになっていた．自由化以前は，日本の電力料金は，総括原価方式と呼ばれるコストと利潤を積み上げた価格を販売価格とすることが認められてきた．これは，電源開発のため適正な利潤を確保することを目的としていたが，総括原価方式が廃止されたことにより，発電会社は余剰の発電設備を削減していくことを余儀なくされている．このような，供給力が低下している中で，さらに，2019年には気候変動対策に対応して，非効率な石炭火力は順次廃

止することが決められた．石炭火力は，日本の電力供給力 2 億600万 kW に対して石炭火力は3500万 kW を占める（2021年 3 月現在）．特に北海道電力や沖縄電力は，すべての石炭火力が非効率に分類されており，そうした電源が市場から退場するタイミングが難しくなっている．

　近年ウクライナ戦争によって，LNG が世界的に需給がひっ迫してきている．このように，電力の供給は，自由化，気候変動や世界的なエネルギー需給の変化に大きな影響を受けている．今後の電力需給は，気候変動と電力自由化などから電力供給の安定性をどのように確保するかを考えていく必要がある．

第 2 節　電力自由化と安定供給の課題

1　電力自由化とは何か

　電力構造改革は，「発電会社，送電会社，配電会社の分離（いわゆるアンバンダリング）」と「電力市場への自由参入」を認めること，に分けられる．いままで，電力やガスは地域ごとに特定の企業によって供給されてきた（地域において特定の企業が独占的に事業を行うことを地域独占という）．このような地域独占が存在する理由は，電力やガスには送電線や荷揚げ施設・パイプラインといった巨大なインフラ（ネットワーク施設）が必要であり，こうした大きなインフラを所有する事業者が 1 社で事業を行うことが効率的であり，責任の所在も明確だったためである．

　それではなぜ，構造改革が必要なのであろうか．それは，独占の弊害として，価格が高止まりすることが 1 つの理由である．自由競争を促すため市場に新規事業者の参入を促すことが必要であり，市場の自由化が行われる．また系統管理者によって広域的な電力需給の運用を行い，発電・送電・配電を分離して，送電については独立した事業者がコントロールを行うことが必要となる．すなわち電力市場の自由化のためには，送電網を新規参入者が適切に使用できるようにすることが必要であるので，市場の自由化と発送電分離の両者は密接不可分である．

　他方，世界的に電力の安定供給は大きな課題になっている．一般に自由化されるとコスト競争力のある発電施設だけが生き残り，追加的な発電や送電の新

規投資がなされなくなる危険がある．カリフォルニアでは2000年に大規模な停電が生じた．このときのカリフォルニアでは予備率が１％まで下がっていた．こうした競争市場での問題は，だれが供給の責任を持ち設備投資を続けていくかということである．自由化を進めるには最終的な電力需給のバランスをとる責任の明確化と，長期的な視点での送電線の増強や電力融通を明確化することが必要となってくる．

　電力システム改革専門員会でも「新たな枠組みでは，これまで安定供給を担ってきた一般電気事業者という枠組みがなくなることとなるため，供給力・予備力の確保についても，関係する各事業者がそれぞれの責任を果たすことによってはじめて可能となる」とされている．そもそも，従来の一般電気事業者は，「一般の需要に応じ電気を供給する事業」とされていたので，需要に応じて電気を供給する必要があった．今後は，供給事業者の能力に加えて電気の需要者も需給のバランスに協力する時代である．

2　供給力確保と容量市場

　電力自由化によって，供給責任があいまいになるため，供給の不安定化は制度上必然的に生じることになる．そもそも，電気の安定供給を確保するためには，需要の見込みに対応した電源の確保，及び需要が急増した場合に備えて，予備力と呼ばれる電源を確保しておく必要がある．しかし，このような将来需要に対応する電源確保は，電源に対する大きな投資額を考えるとリスクを伴うものである．そもそも，発電した電力量からの収入だけでは電源確保に必要な建設費の資金が手当てできない．これをミッシングマネー問題と呼ぶ．したがって，電力自由化を進めながら将来の電源確保を行うため，考え出されたのが容量市場である．市場で供給能力を確保することが可能になればよりコストが安い発電所を確保できる．これをメリットオーダーという．仮に東日本大震災以前の電源構成を容量市場で確保した場合，約1000億円のコスト削減につながると試算されている．

　このように，短期的には電源退出の防止を図りつつ，容量市場によって供給力の確保を図り，電源の新規投資を促進する方策を考えていかねばならない（図11‐1）．

図11‐1　電力安定供給確保の方策

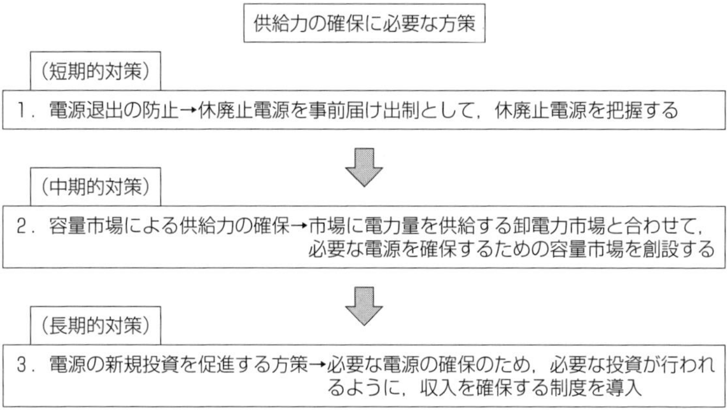

供給力の確保に必要な方策

（短期的対策）

１．電源退出の防止→休廃止電源を事前届け出制として，休廃止電源を把握する

（中期的対策）

２．容量市場による供給力の確保→市場に電力量を供給する卸電力市場と合わせて，必要な電源を確保するための容量市場を創設する

（長期的対策）

３．電源の新規投資を促進する方策→必要な電源の確保のため，必要な投資が行われるように，収入を確保する制度を導入

（出所）　資源エネルギー庁［2022a］に筆者加筆．

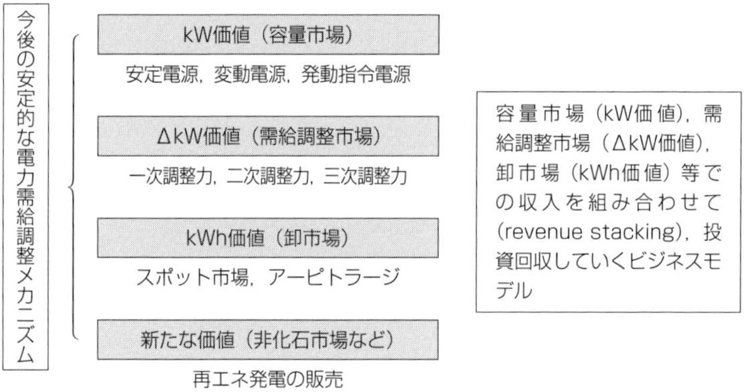

今後の安定的な電力需給調整メカニズム

kW価値（容量市場）

安定電源，変動電源，発動指令電源

ΔkW価値（需給調整市場）

一次調整力，二次調整力，三次調整力

kWh価値（卸市場）

スポット市場，アービトラージ

新たな価値（非化石市場など）

再エネ発電の販売

容量市場（kW価値），需給調整市場（ΔkW価値），卸市場（kWh価値）等での収入を組み合わせて（revenue stacking），投資回収していくビジネスモデル

図11‐2　電力需給調整メカニズム

（出所）　資源エネルギー庁［2022b］に筆者加筆．

　容量市場には，電気の需要の短期的な急増に備えた予備力の確保を目的にした戦略的容量市場もある．現在，容量市場に加えて，卸電力市場，需給調整市場，非化石市場などが創設されている（図11‐2）．次節では，このような電力自由化と供給力の確保にかかわる各種市場を見てみよう．

第3節　卸電力市場と新電力

　2010年に発電，送電，配電の経営分離が行われ，小売り事業に新しい企業の参入が可能となった．しかし，この時代には，同時同量の確保が義務付けられており，同時同量を達成できないときは，電力会社に法外な違約金を支払うことになっていた．したがって，この時代の新規参入者は同時同量を確保できる比較的規模の大きい同業者が多かった．2005年に卸電力市場ができたが，当初は取引量も少なかった．2013年からは余剰電力を卸電力市場に売り出すことになり取引量が増加した．これによって，同時同量が達成できない企業であっても，卸電力市場から購入する（あるいは市場に販売する）ことが可能となり，この制度改正によって，自前の電源を持たない，多くのいわゆる新電力が参入した．2015年に電力小売りが，一般消費者までを含めて完全に自由化された．新規参入した新電力の多くは，自らの発電設備を持たず，発電事業者から電気を購入し，消費者に販売する事業者であった．こうした小売事業者に電気を供給する市場として，卸電力市場が非常にうまく機能していたのは，電力会社が持つ火力発電のいくつかはすでに対応年数が切れていることから，安い価格の供給予備力があったわけである．

　しかし，2021年には，冬場の電力の需要の想定外の増大及び LNG の品薄感から，卸電力市場が高騰した．これによって，まず，多くの新電力が経営的に立ち行かなくなり，撤退するケースが相次いだ．次いで，2022年3月の福島沖地震による火力発電所の停止（250万 kW 分の火力発電機が停止・出力低下）と予想外の寒波（700万 kW 分増加）によって2022年3月には，電力需要が急増し，供給不足が発生した．このような問題が生じた直接の原因としては，地震による火力発電所の停止，異常な寒波の到来があるが，加えて，原子力発電所の停止，火力発電所の廃止，需要の増加，雨天時の太陽光の供給不足などの構造的な要因がある．制度的な原因としては，本来，電力自由化（卸電力市場）と同時に設置しなければならなかった供給量の確保（容量市場）の創設が遅れたことがある．先に紹介したように，「これまで安定供給を担ってきた一般電気事業者という枠組みがなくなることとなるため，供給力・予備力の確保についても，関

係する各事業者がそれぞれの責任を果たすことによってはじめて可能となる」
わけである．このように供給力を市場参加者がそれぞれの責任で確保するため
には，供給義務量を個々の小売事業者に配分しなければならない．それがない
と，小売事業者は，供給義務量を果たさないフリーライダーになることになる．
しかし，この供給義務量の配分，すなわち kW 価値をどのように決めるか，
が難しかったため，容量市場の創設が遅れ，今回の供給不足問題が発生したと
もいえる．

第4節　多様な需給調整メカニズム

1　需給調整市場

　今後の電力市場はどの様な姿になっていくであろうか．

　供給力を市場参加者がそれぞれの責任で効率的に作っていく仕組みについて
は前節で触れた．次に論じるのは，電力変動の調整を市場にゆだねる方策であ
る．より効率的な電力需給安定化システムに向けて需給調整市場の創設が進ん
でいる．これは，従来，一般電気事業者が火力発電などで行っていた電力の変
動調整を市場で行うものである．需給調整を担うのは，ヒートポンプ，空調機
器，電気自動車など多様なアクターであり，さらには，需要での応答速度が速
い系統蓄電池や再エネの余剰電力を吸収する電解装置も調整力として機能でき
る．調整市場には，一次調整力（応答時間10秒以内），二次調整力（応答時間5分以
内），三次調整力（応答時間15分，45分以内）に分かれるが，機器の応答時間に
よって，応答スピードが速いけれど価格が高い機器（蓄電池），応答スピードは
遅いけれど価格が安い機器（空調機器など）などを組み合わせて最適な調整力を
設計していくことになる．

2　VPP の役割

　こうした需給調整市場に参加する蓄電池，電気自動車，空調機器，ヒートポ
ンプなどの分散型エネルギー資源は仮想的な発電所とみなせる．そうした電源
を VPP（仮想発電所）という．また，こうした VPP を利用して出力を調整し最
適化するサービスが必要となる．これをエネルギー・リソース・アグリゲー

ション・サービス（ERAB）という．ERAB ビジネスにおいてアグリゲーター
（企業）が，多様な需要者も巻き込んだビジネスを行うことになる．例えば，再
生可能エネルギーを利用したビジネスでいえば，自家消費型太陽光発電システ
ムがあり，自宅に太陽光を設置し外販もする．太陽光発電などの再エネ電気は，
従来 FIT 電源として全量電力会社に売電されていたが，FIT 契約の終了とと
もに，再エネ発電事業者が他の需要家やアグリゲーターに PPA 契約によって
再エネ電気を売電することが増えている．

第5節　分散型電力システムに向けて

　地域の分散型電源の活用は，自然災害に対する耐性（レジリエンス）を高める
ことにもつながり，地域に存在する分散型電源を活用した分散型グリッドの構
築が進められている．2022年に電気事業法が改正され，地域において配電網を
運営できる制度が導入された．この制度を配電ライセンスと呼んでいる．分散
型電源は，長期的には電力自由化における発電，送電，配電の主体の独立電源
化（ミニグリッド化），さらに，そうした自主電源を活用し，需給調整市場に提
供することによって，独立電源の収入を確保することも考えられる．分散型電
源が垂直的に完結しているのは，ドイツのシュタットベルケのような発電，送
電，配電を一体的に担う地域事業者になる．日本の新電力は卸電力市場の導入
に伴い，小売り事業を主として参入したが，卸電力市場の乱高下とともに，こ
うしたビジネスモデルは，破綻した．今後，地域新電力が自前の配電線を持つ，
マイクログリッドを形成することは，地域において配電網を運営し，緊急時に
は地域の分散型電源を活用し独立したネットワークとすることが考えられる．
例えば，福島県葛尾村では，太陽光発電と大型蓄電池を活用して公共施設，商
業施設，一般住宅などに自営線で電力を供給している．こうした地域新電力は，
地域でのエネルギーの創出と災害時のエネルギー確保，さらには地域の雇用創
出・ブランディングの実現も目指している．

第6節　おわりに

　電力自由化に伴って，消費者は電力を多様な供給者から自由に購入することになった．しかし，他方で，供給責任は，多様なプレイヤーがなることになり，容量市場や需給調整市場などの制度ができて，電力市場における供給力のある者や需要者までもが供給力を確保するプレイヤーになりつつある．そして，これからは，需要家も電力ビジネスに積極的に参加することが求められる時代となる．

参考文献

資源エネルギー庁［2022a］「容量市場について」（2022年4月25日），第64回 総合資源エネルギー調査会 電力・ガス事業分科会 電力・ガス基本政策小委員会 制度検討作業部会資料（https://www.meti.go.jp/shingikai/enecho/denryoku_gas/denryoku_gas/seido_kento/pdf/064_03_00.pdf, 2022年9月3日閲覧）．

────［2022b］「あるべき市場の仕組みについて」（2022年10月4日），第2回あるべき卸電力市場，需給調整市場及び需給運用の実現に向けた実務検討作業部会資料（https://www.meti.go.jp/shingikai/energy_environment/oroshi_jukyu_kento/pdf/002_04_00.pdf, 2022年11月5日閲覧）．

第**12**章

交通部門における CO_2 削減

第1節　は じ め に

　日本における運輸部門の CO_2 排出量は，2020年度の統計では**図12‐1**に示す通り全部門合計の約18％を占め，およそ1億8500万トンであると推計されている．さらに**図12‐2**に示す運輸部門の中で交通手段別に CO_2 の排出量をみると，自動車が約9割と大半を占めているとされている．自動車は大変便利で身近な交通手段であるが，多くの温室効果ガスを排出している．交通部門ではこれら温室効果ガスの削減に向け，さまざまな取組みを行っている．本章ではこれらの取組みの一端を紹介しながら，読者と環境負荷軽減に向けた交通とまちづく

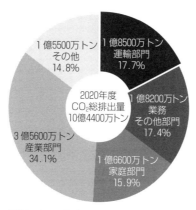

**図12‐1　日本における2020年度の
部門別 CO_2 排出量**
（出所）　国立環境研究所「日本国温室効果ガス
　　　インベントリ報告書（2022年）」のデー
　　　タを基に筆者作成．

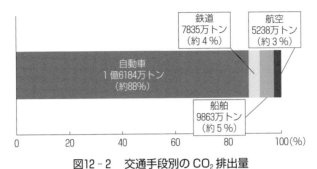

図12-2　交通手段別のCO₂排出量

(出所)　国立環境研究所「日本国温室効果ガスインベントリ報告書(2022年)」のデータを基に筆者作成.

りについて考えていきたい.

第2節　自動車のCO₂排出量

　運輸部門のCO₂排出量の大半を占める自動車であるが,実際はその内訳をみると,**図12-3**の通り家庭用自家用車が最も多い割合を占めていることがわかる.つまり,我々が日ごろ自動車で移動しているところを,他の公共交通手段や自転車,徒歩などに置き換えれば,CO₂排出量が削減できるということになる.福岡市のように鉄道やバスなどの公共交通機関が発達している都市であれば,他の交通手段への転換も容易であるが,地方都市や町村部など,そもそも自動車を使わなければ生活が成り立たないところも多く存在する.つまり「他の交通手段もあるけど自家用車を使っている層」と「自家用車を使わなければ生活できない層」では,それぞれ違ったアプローチをしなければならない.一元に自動車を使うな,とは言えない訳である.

　自動車を完全になくすことはできないことを考えると,自動車自身のCO₂排出量を削減することも大きな手段である.近年はEV車やハイブリット車両などが多く販売されており,自動車のCO₂排出量の総量は減少している.欧米ではEUが2035年までにガソリン車やディーゼル車など,内燃機関車の販売を禁止する方向で検討を進めている.日本でも同様の検討が進められており,今後世界各地で内燃機関車の規制が進んでいく可能性もある.本章では,この

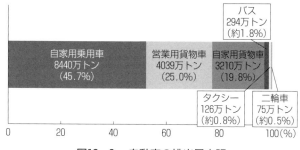

図12-3　自動車の排出量内訳

（出所）　国土交通省総合政策局環境政策課「運輸部門における二酸化炭素排出
量データ」を基に筆者作成（https://www.mlit.go.jp/sogoseisaku/
environment/sosei_environment_tk_000007.html, 2022年11月30
日閲覧）.

ような動きとは別に，交通とまちづくりとしての CO_2 排出量の削減に向けた
取組みについて，以降紹介していく.

第3節　交通部門における CO_2 排出量削減に向けた取組みの実例

1　環境にやさしい交通手段への転換——欧米を中心としたLRT導入の動き——

近年，過度な自動車依存からの脱却を目指し，LRT（Light Rail Transit）と呼
ばれる公共交通を導入する都市が，欧米を中心に増えている．公共交通として
は，鉄道，モノレール，路面電車，バスなどさまざまな交通手段が存在してい
る．図12-4には公共交通システム別の輸送量と建設コストを示す．鉄道やモ
ノレールは専用空間を走るため速達性や定時制が高く輸送量が多い一方で建設
コストが多くかかる．バスは既存の道路を走るため建設コストはかからない
が，自動車交通と共有の空間を走るため，渋滞などによって定時性も大きく低
下し，また輸送量も少ないといった課題が存在する．通常，自家用車から公共
交通への転換を促すためには，例えば自家用車より早く着くだとか，本数が多
くいつでも駅に行けば乗れる，などそれなりのメリットがなければならない．
これを新たに鉄道やモノレールとして導入しようとした場合，前述のようにコ
ストが多くかかるほか，都心部ではそもそも導入空間がなく，新たに用地買収
をしようにも，多くの時間とコストが必要になってしまう．また，地下鉄であ

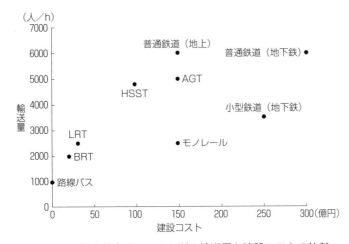

図12‑4　各公共交通システム別の輸送量と建設コストの比較
（出所）沖縄県計画検討資料を基に筆者作成（https://www.pref.okinawa.jp/
site/kikaku/kotsu/kokyokotsu/documents/sityouson_9.pdf, 2022年11
月30日閲覧）.

れば用地買収の必要性は低下するが，さらに建設コストが上がってしまう．例
えば福岡大学の最寄りの交通機関である地下鉄七隈線は小型鉄道にあたるため，
建設コストとしてみたときはかなり高い部類に入っている．一方，路面電車で
あれば既存の道路空間への導入が可能であり，比較的低コストでの導入が可能
である．

　そこで，導入空間のない都心部では道路空間へ，比較的空間に余裕のある郊
外部では専用のレールを敷設するなどにより，路面電車と一般的な鉄道を組み
合わせたような仕組みをとることで，比較的低コスト，かつ利便性の高い基幹
的な公共交通を導入するシステムが，欧米を中心に導入されてきた．これを一
般的に LRT と呼ぶ．なお日本国内においては，LRT の定義として，LRV と
呼ばれる超低床車両を用いて乗り降りを簡単にすることや，既存交通との連携
などを用いることが多く，海外とは少々定義が異なっている．

　欧米は日本と比較しても自動車依存が強く，かなり早い段階から自動車依存
からの脱却を目指し，LRT を中心とした公共交通網を導入する取組みが多く
行われてきた．多くの都市では LRT を導入したことで，自動車分担率が下
がったほか，車を運転できない人の移動手段も確保され，結果的に市民の移動

機会が増加している.

　脱炭素には公共交通の強化や整備が必要不可欠であるが, 整備するのにかかるコストと, 予想される需要を検討し, その都市に見合ったレベルの公共交通を整備していくことが必要である.

2　日本における LRT 導入の動き

　日本では比較的都心部においては鉄道が発達しており, 欧米と比較しても高頻度での運転が確保されていることから, 導入が遅れてきた. 特に LRT は場合によっては既存の路面電車と同様の形をとることになるが, 日本では高度経済成長期に自動車交通の邪魔になるという理由で, 多くの都市から路面電車が消えていった過去がある. そうした理由もあり, 日本においてはなかなか導入の検討が進んでこなかった.

　そのような中, 富山県富山市において, 富山駅から北に延びる JR 富山港線の廃止を検討した際, 郊外部は路線をそのまま残し, 都心部のルートを変更し路面電車を敷設し駅を増やすことで, LRT 化して存続させることとなった. これは, 富山ライトレール (現在は富山地方鉄道が運営) と呼ばれ, 日本における本格的な LRT の第 1 号とされている. 富山市では単に LRT 化を行うだけでなく, バスなどの他の公共交通機関との接続や, 駅数の増加, 運行本数の大幅増加など, 基幹公共交通としての役割を担うための施策を実施してきた. **写真12‑1** は終点付近における LRT の車両とフィーファーバスの接続の様子である. この取組みにより, もともと利用者数が少なかった富山港線であるが, LRT 化後は大幅に利用者数が増加し, 沿線の地価上昇や人口増加などがみられている. この LRT 事業では, 整備後自動車から LRT への転換などで, 年間436トンの CO_2 排出量が削減されたとしている[1]. なおその後, JR 富山駅をはさんで向かい側に既に存在している路面電車との接続を行い, さらに利便性を向上させる取組みも行われている.

　その他にも, 日本では, すでに路面電車として存在している都市において, LRV 車両の導入や, 他の軌道系交通との直通運転など, 近年は積極的に LRT 化に向けた取組みが各地で行われており, 栃木県宇都宮市では, 既存の路面電車が存在しない都市としては初めて, 基幹公共交通として LRT を導入する動

写真12 - 1　富山ライトレールの車両とフィーバー
　　　バスの接続の様子

きがある．こちらは，まちづくりとしてカーボンニュートラルに向けたさまざ
まな取組みもあわせて行われている事例であり，後ほど詳しく説明する．
　これらの取組みは，単に CO_2 排出量を削減するためだけではなく，まちづ
くりとしてコンパクトシティを目指すための取組みの1つであったり，免許を
持たない方や障がいのある方の移動手段の確保など，さまざまな目的があって
実施されている．つまり人と環境にやさしいまちづくりを目指すことが重要で
ある．

3　渋滞解消による CO_2 削減

　運輸部門の CO_2 削減のための取組みとして，既存の道路における渋滞を解
消するということも積極的に行われている．近年こそアイドリングストップが
普及し，停止中はエンジンが自動的に OFF になる自動車も多いが，渋滞では
停止と発進を繰り返すため，非常に大きな環境負荷がかかる．そのほか，乗員
の時間が損失されたり，渋滞を迂回する車による交通事故の増加など，渋滞は
多くの経済的な損失を引き起こしており，年間に発生する渋滞損失を貨幣価値
換算すると，約12兆円[2]にも上るとされている．
　こうしたことから，日本では各地で幹線道路を整備するなど，渋滞の改善に
向けたさまざまな取組みが行われている．一方で公共事業に充てられる予算に

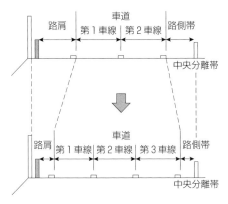

図12‐5　道路空間再配分の一例

は限りがあることから，例えば**図12‐5**のように既存の道路空間を再配分して，車線を増やしたり運用を変えて渋滞の削減を目指す取組みも近年積極的に行われている．

第4節　低炭素な交通システムとまちづくり

1　コンパクトシティ

　近年，持続可能なまちづくりとして，コンパクトシティと呼ばれる政策が積極的に実施されている．コンパクトシティとは簡単に言えば，**図12‐6**に示すように，人や施設をある1カ所に集約し，効率的に都市を運営しようというものである．日本では自動車の普及とともに，市街地が郊外へ広がり，非常に低密度な宅地が形成されてきた．さらに少子高齢化により点々と空き家が増え，人口密度は低下している．このような都市の場合，道路や水道，電気といった生活に欠かせないライフラインを整備・維持するのに莫大な費用が掛かる．さらに1人当たりの移動距離が長くなるため，ある場所から目的地までの移動（トリップ）あたりの移動コスト，エネルギー消費量が非常に大きくなる．このままでは近い将来都市としての機能を維持できなくなる可能性がある訳である．こうしたことから持続可能な都市を目指してコンパクトシティ政策が注目されている．

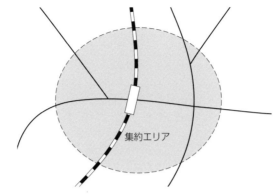

図12 - 6　コンパクトシティの概念図

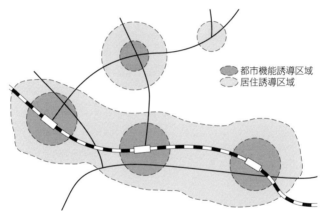

図12 - 7　コンパクト＋ネットワークの概念図

　しかし，1カ所にすべての都市機能を集約するのは非常に大変で，特に我々の居住地は短期間で簡単に移動することはできない．そこで日本では，**図12 - 7**のようにいくつかの既存の都市機能を核として，ゆるやかに各拠点への集約を促し，各拠点間を公共交通や幹線道路で結ぶ，コンパクト＋ネットワークという考えが近年注目されている．日本ではこの施策を立地適正化計画と名付け，各自治体で計画の策定を行っている．コンパクトシティでは1人当たりの移動距離が最適化されたり，都市機能が身近にあることで移動手段が自動車から公

共交通や徒歩・自転車に代わることで，一般的には移動にかかるエネルギー消費量は減少するとされている．

2　スマートシティ

　コンパクトシティと似た言葉に，スマートシティという考えがある．スマートシティとは，ICT などの新技術やデータを活用したサービスの提供，高度化により，都市や地域が抱える課題を解決し，持続可能な都市を実現する都市のことをいう．一般的にはスマートシティの効果として，安全で質の高い市民生活や都市活動が実現できたり，持続的かつ創造的な都市の実現，環境負荷の低い都市・地域の実現といった効果が期待できる．

　スマートシティでは ICT 技術を活用したエネルギーの効率的な運用を行うことで，地域としてエネルギーの消費量削減が期待でき，脱炭素につながる．ただしスマートシティは情報通信技術を中心としているため，必ずしも都市を集約して実現するものではない．コンパクト化とスマート化を同時に図ることができればよいが，コンパクトシティは中長期的な施策に対し，スマートシティは比較的短期的な施策なので，交通部門の低炭素化にはつながらない恐れもある．

3　コンパクトシティ・スマートシティの実践──栃木県宇都宮市を例に──

　第3節で少しふれたように，栃木県宇都宮市と芳賀町では**図12-8**のルートで日本で初めて既存の軌道系公共交通のない都市への，完全新設型 LRT を導入を進めているものである．これはもともと，市の郊外部に位置する内陸型の巨大な工業団地への通勤の手段で，車に代わる新たな公共交通機関として検討されてきた．しかし，計画が具体化していく中で，南北の鉄道に対し，バスしかない東西軸の新たな基幹公共交通としての役割が強く期待されるようになってきた．ネットワーク型コンパクトシティの核と核を結ぶ手段として，既存の鉄道と LRT，バスをうまく組み合わせることで，市内の拠点間のほとんどを公共交通だけで簡単に移動できるようにしようという試みである．

　現在 LRT は2023年8月頃の開業を目指して工事が進んでいるが，世界的に脱炭素が強く叫ばれるようになってきたなかで，環境への取組みについても

図12‐8　芳賀・宇都宮ライトレールの導入ルート

（出所）　芳賀・宇都宮 LRT 公式 HP の情報を基に筆者作成.

写真12‐2　芳賀・宇都宮ライトレールの車両

LRT だけでなくその沿線全体での検討が進んでいる．2022年11月には環境省の脱炭素先行地域に選定され，地元自治体や電力・エネルギー会社，公共交通機関が協力し脱炭素に取組んでいる．具体的には，LRT 沿線の公共施設や民間施設に太陽光発電と高機能な蓄電池を導入し，高度なエネルギーマネジメント（EMS）を行うことで，LRT を走らせるための電力や，沿線の民生部門の電力消費に伴う CO_2 排出を2030年度までに実質ゼロにするというものである．また地域を走る既存の路線バスについても，7割近くを電気バスに置き換え，充電するための電力は電力会社と協力し EMS を構築することで，本来コストのかかる電気バスの導入コストを抑えつつ，脱炭素化を目指している．

　この事例のように，単に交通部門だけで脱炭素化を考えるのではなく，まち

づくり全体として，またエネルギー部門などさまざまな分野と連携して脱炭素を考えていく必要がある．

第5節　with コロナと交通の低炭素化

最後にコロナ禍における交通の変化と低炭素化に関して解説していく．2020年の新型コロナウイルスの流行により，リモートワークや外出制限により人々の移動は大幅に減少した．また移動する際の代表交通手段も，他人と空間を共有する鉄道やバスの公共交通の割合が減少し，1人で移動できる自動車や自転車，徒歩といった手段の割合が増加している[3]．また移動の減少により，特に地方の公共交通は経営が悪化し，公共交通の存続に関する危機に直面している．

一方で新型コロナウイルス流行前よりネットショッピングなどの利用が増加していたところに，コロナ禍においてさらに増加し，物流の輸送量，特に個人向けの小口配送が年々増加している事実もある[4]．小口配送ではトラックがほとんどであるため，当然環境負荷も高くなる．また小口配送では受け取り側が配達時不在による再配達が多く，その物資の輸送に大きな負担がかかっている．宅配ボックスの整備や注文時の受け取り日時の指定などにより，再配達を減らす取組みは積極的に行われているものの，いまだ再配達率は約10％を超えている現状にある．

交通部門の低炭素化を図らなければならない中で，社会情勢の急激な変化によってその実現は非常に難しくなっているのが現状である．

第6節　お わ り に

本章では交通部門の CO_2 排出量の削減に向けた取組みの一端を紹介した．一方で社会情勢の変化も加わりその実現への道のりは非常に険しいのが現状である．環境にやさしい交通手段への転換は，読者1人1人の行動変容が非常に重要である．また日常の移動はライフスタイルによって変化し，人によって大きく異なる．これを機に，日ごろの移動手段を振り返ったうえで，環境にやさしい交通手段への転換について考えてみて欲しい．また読者の住む都市の環境

負荷軽減に向けた取組みについて調べるのも重要である.

注

1） EST モデル事業評価結果による（http://www.estfukyu.jp/estdb16.html, 2022年11月29日閲覧）.

2） 国土交通省道路 IR「効果的な渋滞対策の推進」（https://www.mlit.go.jp/road/ir/ir-perform/h18/07.pdf, 2022年11月30日閲覧）.

3） 国土交通省都市局都市計画課都市計画調査室「全国の都市における生活・行動の変化」による（https://www.mlit.go.jp/toshi/tosiko/content/001410799.pdf, 2022年11月30日閲覧）.

4） 国土交通省自動車局貨物課「令和3年度宅配便取扱実績」による（https://www.mlit.go.jp/report/press/jidosha04_hh_000255.html, 2022年11月30日閲覧）.

第13章

地球温暖化のビジネス機会

第1節　はじめに

「オゾン層の破壊が地球に深刻な状況をもたらす」．筆者が大学生のとき，地球環境の変動に，最初に関心を持ったニュースである．

オゾン層は太陽光に含まれる有害な紫外線を吸収する役割を果たしており，これが破壊されると，皮膚がんや白内障などの病気にかかりやすくなり，人体のみならず，地球上の生物全体に悪影響を及ぼす．

オゾン層の破壊の主原因はフロンガスの増加である．フロンガス[1]は1930年代から，エアコンや冷蔵庫で用いられる冷媒，電子部品や精密部品の洗浄剤などをはじめ，我々の生活を向上させるために，さまざまな用途で用いられてきた．また，人体に無害であるため，これらは環境への影響を考慮することなく，大気中に排出されてきた［花岡 2020：28］．

フロンガスにはいくつか種類がある（総称して，フロン類と呼ばれている）．それは，クロロ・フルオロカーボン（CFC），ハイドロ・クロロ・フルオロカーボン（HCFC），そしてハイドロ・フルオロカーボン（HFC）であり，CFC と HCFC がオゾン層を破壊するということで，1987年にそれらの規制を定めた「モントリオール議定書」が採択され，オゾン層破壊物質の生産と消費を段階的に廃止する国際的なスケジュールが定められた［花岡 2022：28-29］．

CFC と HCFC（ともに特定フロン）は，オゾン層破壊物質であるだけでなく，温室効果ガスでもある．さらに，オゾン層を破壊しない HFC（代替フロン）も温室効果ガスであり，これらの温暖化能力は，二酸化炭素（CO_2）の数百倍から数万倍と言われており，つまり，わずかな量のフロン類を大気中に排出しただけで，多くの CO_2 を排出したことと同じ意味を持つのである［花岡 2020：29］．

　1988年に，気候変動に関する政府間パネル（IPCC）が設立され，1990年に出された IPCC 第一次評価報告書では，CFC や HCFC は温室効果ガスとして取り上げられ，オゾン層破壊に加え，地球温暖化にも注目する必要性が指摘された．その後，オゾン層保護のために，CFC や HCFC の生産と消費は軽減したが，1990年代から先進国において，代替フロンである HFC の生産と消費が増加したことに伴い，その排出が先進国で増加傾向にあることが新たな問題として注目され始めた．HFC は，1997年の気候変動に関する国際連合枠組条約（UNFCCC）の第3回締約国会議（COP3）で採択された京都議定書によって，先進国において排出規制の対象に定められたが，今日では，先進国のみならず途上国においても，冷媒 HFC の排出量の増加が問題となっている［花岡 2020：29］．

　現在，世界で120カ国を超える国が2050年までにカーボン・ニュートラル（CO$_2$ やフロン類などの温室効果ガスの排出量と吸収量・除去量の差し引きの合計をゼロにすること）の実現をめざすことを表明しており，2022年2月には，日本でも地球温暖化対策推進法において8度目の改正案が閣議決定され，22年4月から施行されている.[2]

　「問題のあるところにビジネス機会あり」というのは，ビジネスの基本であるが，地球温暖化という問題は世界が注目する問題であるがゆえに，ビジネス機会も多分にあると思われる．本章では，地球温暖化という世界規模の問題を解決（軽減）するプロセスで生じるビジネス機会について，事例を交えながら考察していく．

第2節　地球温暖化が引き起こす影響

　「問題のあるところにビジネス機会あり」ということで，企業が「地球温暖化」という問題を解決するビジネスを展開していくためには，まずは，やはり地球温暖化が我々にどのような影響を及ぼすか，ということを把握する必要がある．本節では，地球温暖化が引き起こす影響について考察していく．

　地球温暖化が引き起こす影響はさまざまあるが，ここでは，①「土地への影響」，②「動植物への影響」，③「人間の生活への影響」に分けて考えてみたい.[3]

① 土地への影響

- 過去約100年で世界の平均海水面は16 cm上昇しており，近年の上昇率が高くなっている．南太平洋の島国では浸水が進み，国によっては，国土全体が海に沈む危険も増大し，実際にそうなった場合，行き場の失った人々の難民問題が発生する．

- 乾燥した地域に住む人々や，氷河や雪に生活用水を頼っている人々は，生活するための水を得にくくなる．ちなみに，氷河や雪解け水から生活するための水を得ている人は，世界の人口の6分の1を占めている．

- 山岳地帯では，氷河が溶けることにより氷河湖ができ，それが決壊することで，大規模な洪水が起こりやすくなる．また，これらの山岳地帯は，世界の大河川の源流にあたるため，洪水後，河川の流域全体で水不足が起きる危険性がある．

- 気温の上昇は海水温の上昇ももたらし，暖かい海から放出される水蒸気が貿易風などに乗ると，大型の台風や大雨などの異常気象が増えるため，大きな被害をもたらし，地滑りなど二次災害も増える．

② 動植物への影響

- 急変する気候や多発する異常気象が引き起こす環境の変化は，ホッキョクグマなどさまざまな野生動物を，絶滅の淵に追いやる．

- 生息に適した気温や降水量のもとで育つ植物は，気温や降水量が変化すると，生育地域を変えざるを得なくなる．それに伴い，植物に依存して生きる動物も，生息域を変えなくてはならなくなり，変化に適応できない種が減少・絶滅する危険性がある．

- 海水温の上昇は，海の生態系にも影響を及ぼす．海水の酸性化が進み，プランクトン，サンゴ，貝類や甲殻類など，海洋生態系の基盤を担う生物が打撃を受け，他の多くの海洋生物の成長や繁殖に影響を及ぼす．

- 乾燥化が進む地域では森林火災が増え，野生生物の生息地が広く失われる危険性がある．また，多くの炭素を備えた樹木が集中する森林の焼失は，大気中への大量の二酸化炭素の放出を伴うため，これがさらに地球の温暖化を加速させることにもつながる．

③ 人間の生活への影響

- 気温や雨の降り方が変わると，農作物の種類やその生産方法を変える必要があるが，小規模の農家はこれらの変化への対応が難しいため，生産性が下がる可能性がある．

- 食料の生産性が下がると，病気にかかる人や，飢餓状態に陥る地域が増える可能性がある．特に，干ばつなどで食料の生産性が下がるアフリカ地域で影響がひどくなると予想されている．

　以上，①「土地への影響」，②「動植物への影響」，③「人間の生活への影響」という観点から，地球温暖化が引き起こす影響について概観したが，もちろん，これら以外にも影響は多々あるだろう．他社とは異なる視点で，他社が気づかない，かつ，影響の大きな問題を発見できれば，そして，それを解決するような提案ができれば，ビジネス機会も広がるかもしれない．

　しかし，「地球温暖化」にビジネス機会を見出そうとする場合，注意が必要である．「地球温暖化ビジネス」という言葉からは，「『地球温暖化』で一儲けできるビッグチャンス」という響きも感じ取れるが，そのようなスタンスでは，地球にとっても企業にとっても悲劇しか待っていない．

　次節では，企業が「地球温暖化」にビジネス機会を見出す場合，どのようなスタンスであることが望ましいかについて見ていきたい．

第3節　企業が果たすべき社会的責任

　いかなる企業も社会に対して責任を負う必要がある．その根拠を端的に言えば，「企業はクローズド・システムではなく，オープン・システム」だからであり，いかなる企業も社会との関わりがあるからである．その責任の範囲は，一概には言えないが，一般的には企業規模が大きくなるほど広くなると言っていいだろう．地方のみで活動する中小企業よりも全国で展開する大企業，国内のみで活動する大企業よりもグローバルに展開する多国籍企業の方が関わる範囲も大きくなるため，その社会的責任も大きいと言える．

　企業の社会的責任（CSR: Corporate Social Responsibility）は，現在では，自然

環境に負荷をかけずに，より積極的に改善していく責任に加え，経済的な利益を出して，株主や債権者などに応える責任，雇用を創出したり，社会的マイノリティを差別せずに活用したりする責任，地域社会の要望に応え活性化させる責任など多岐にわたっているが，最初に注目されたのは，環境的責任である．本章では，この環境的責任に焦点を絞って考察していきたい．

　CSR の研究は，欧米で起こり，少し遅れて日本でも研究者が増えていくが，その中心的課題は，企業活動のプロセスで発生するガスや液体がもたらす，大気汚染や水質汚濁などの「公害問題」であった．

　その後，森林伐採などによる自然破壊，前述したフロン類や CO_2 などの温室効果ガスによる気候変動，それらにより生じる砂漠化や酸性雨などと研究対象は広がっていき，1990年代終わり頃からは，財務報告書だけでなく，「環境報告書」[4) を作成・公表する企業が増えてきた．

　CSR が研究者や消費者の間で注目され始めた当初，多くの企業はそれに応えることを「負担」と捉え，コストを伴い，利益を圧迫することにつながると考えていた．当時，CSR に対して批判的な研究者は，①「企業が『社会的責任』を要求され，これに応えようとすると，それだけ原価が上昇し，価格の騰貴をもたらす，あるいは賃金切下げないし引上げ余力の縮小をきたす．つまり経済合理性の追求が弱まり，それだけ経済の発展が阻害される」，②「経営者は株主に対してのみ責任をもつべきで，株主以外の人たちのために株主の利益を少なくするような行為をすることは株主に対する義務を怠ることであり，商法に違反する」などの主張を繰り返していた [中瀬 1967：96-97]．

　しかし，①に対して，現代では，例えば，ISO14000 シリーズ（環境配慮型経営）の認証を得ようとする活動プロセスやオープン・イノベーションなどを通じて，コスト増とは真逆で，コスト削減や利益創出が実現されていると考えられている．ISO への取組みやオープン・イノベーションなどによって，環境配慮のための色々な工夫を行い，無駄な「贅肉」を落とすことにより，急激にコストを削減させることに成功している企業は多い．そして，売り上げが伸び悩んでも利益が伸びるという状況に至っているのである．

　また，②に対しての反論としては，上述したように，CSR と企業業績の間に正の関係性が表されると，特に機関投資家たちの間で，環境報告書などによ

りCSRに取組む企業の存在を知り，その活動を評価するという動きがトレンド化し，SRIのような金融商品（手法）に注目し始める投資家が急激に増えてきた，という状況が生み出されてきている，ということが挙げられよう．企業がCSRを遂行することは「株主の利益を少なくするような行為」でも「株主に対する義務を怠ること」でもなく，もちろん「商法違反」でもない．CSR遂行により企業の評価が高まれば，株主は利益を手にすることになり，CSR遂行企業に対して投資額を減らすも増やすも，その選択は投資家の自由である．

　また，これまで，企業が不祥事を起こした場合など，必ずと言っていいほど，「今後，コンプライアンス（法令遵守）の見直しを図る」という言葉が出てきていたが，コンプライアンスを過度に意識する，つまり，必要以上に「してはならないこと」を意識することにより，特に，現場の社員は「負担感」を負うという状況が生み出されることになる．

　しかし，現代では，法令を遵守することは当然であり，「してはならないこと」に注目する（消極的CSR）のではなく，法令の有無にかかわらず，道徳律を持って「何をすれば社会に，より貢献できるか」に注目する（積極的CSRを実践する）企業が増えてきている．

　ここで，CSRに取組むうえで，1つ重要な視点を指摘しておこう．それは，CSRは「儲かるから取り組む」，つまり利益創出を目的とするのではなく，「社会や地球環境をより良くしたいから取り組む」という姿勢が重要であり，結果として利益が得られる，ということである．

　前者の場合，裏を返せば，儲からなければ取組まないということになり，社会や地球環境をより良くする活動は不安定になる．一方，後者の場合，上述したように，社会や地球環境をより良くすること自体が目的であるので，それを達成するために，企業はいろいろな工夫を行おうとし，社会や地球環境がより良くなるだけでなく，企業自体も強い経営体質に生まれ変わり，結果として利益が創出されるのである．それはつまり，社会や地球環境に対しても，自社に対しても利益が出るような「Win-Win」の取組みが実現できるということを意味する．

第4節　地球温暖化を緩和させるためのビジネス

　「問題のあるところにビジネス機会あり」ということで，企業が「地球温暖化」という問題を，ビジネス機会として捉える場合，積極的CSRを遂行する視点が重要であると指摘した．本節では，そのようなスタンスに立ち，地球温暖化を緩和させるために積極的CSRを展開しているビジネスとして，代替フロンに関するビジネス機会について，現状を踏まえながら考察する．

　上述したように，フロン類のなかでもCFCとHCFCは，オゾン層破壊物質であるだけでなく温室効果ガスでもあり，オゾン層を破壊しないHFC（代替フロン）も温室効果ガスで，これらの温暖化能力は，二酸化炭素（CO_2）の数百倍から数万倍と言われているため，現状では，CFCやHCFC（特定フロン）の生産と消費は軽減したが，1990年代から先進国において，HFC（代替フロン）の生産と消費が増加したことに伴うその排出が先進国で増加傾向にあることが新たな問題として浮上してきた．

　人類はまず，オゾン層を保護するために，オゾン層を破壊する「特定フロン」からオゾン層を破壊しない「代替フロン」への転換を実施した．現在，高い温室効果を持つ「代替フロン」から，温室効果の小さい「グリーン冷媒」への転換が図られているが，併行して，既に利用している機器からの排出の抑制も重要視されている．図13‐1は，そうしたフロン転換の推移を示したものである．これまでフロン類は，冷凍冷蔵庫やエアコンなどで，家庭用のみならず，業務用でも使用が進み，産業の発展の一端を担ってきたが，温室効果という側面では問題があり，上述したように「グリーン冷媒」への移行が図られている．表13‐1は，各分野における代替フロン冷媒及びグリーン冷媒の導入状況を示している．

　家庭用冷凍冷蔵庫や自動販売機，カーエアコンの分野では，既にグリーン冷媒の導入が進んでいるが，超低温冷凍冷蔵庫や業務用冷凍冷蔵庫や業務用エアコン，家庭用エアコンの分野では，まだまだ検討の余地が残されている．逆に言えば，これは企業としてはビジネス機会であり，この分野の問題を解決できれば地球環境，引いては社会経済にとっても大きな貢献を果たすことになり，

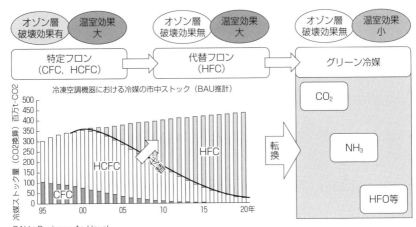

BAU：Business As Usual
※フロン分野の排出推計においては，現状の対策を継続した場合の推計を示す．

図13-1　フロン転換の推移

（出所）　環境省フロン等対策推進室・経済産業省オゾン層保護等推進室［2021］.

表13-1　代替フロン冷媒及びグリーン冷媒の導入状況

※下線：微燃性　太字：可燃性

領域	分野	現行の代替フロン冷媒 （GWP）	代替フロン冷媒に代わる グリーン冷媒	
① 代替が進んでいる， 又は進む見通し	家庭用冷凍冷蔵庫	（HFC-134a（1,430））	**イソブタン**	※新規出荷分 は，全てグリ ーン冷媒に転 換済
	自動販売機	（HFC-134a（1,430）） （HFC-407C（1,770））	CO2 **イソブタン** HFO-1234yf	
	カーエアコン	HFC-134a（1,430）	HFO-1234yf	※今後代替が 進む見通し．
② 代替候補はあるが， 普及には課題	超低温冷凍冷蔵庫	HFC-23（14,800）	空気	※環境省が導 入支援．
	大型業務用冷凍冷蔵庫	HFC-404A（3,920） HFC-410A（2,090）	アンモニア，CO2	
	中型業務用冷凍冷蔵庫 （別置型ショーケース）		CO2	
③ 代替候補を検討中	小型業務用冷凍冷蔵庫	HFC-404A（3,920） HFC-410A（2,090）	（代替冷媒候補を検討中） ※経済産業省が開発支援．	
	業務用エアコン	HFC-410A（2,090） HFC-32（675）		
	家庭用エアコン	HFC-32（675）		

※GWP…地球温暖化係数（CO2を1とした場合の温暖化影響の強さを表す値）
※HFC-407C…HFC-32，125，134aの混合冷媒（23：25：52）
　HFC-404A…HFC-125，143a，134aの混合冷媒（44：52：4）
　HFC-410A…HFC-32，125の混合冷媒（1：1）

（出所）　環境省フロン等対策推進室・経済産業省オゾン層保護等推進室［2021］を一部修正.

表13-2　NEDO プロジェクト中間評価結果（補助事業分）

■2020年10月に公開形式で中間評価を実施．中間目標はいずれも達成見込みであり，最終目標も達成される見通しと高評価．		
実施企業	研究テーマ	中間目標
DAIKIN	【冷媒】GWP10以下の直膨型空調機器用 微燃性冷媒の開発 ※家庭用エアコン，業務用エアコンの一部が対象	次世代冷媒の成分物質を用いて，直膨型空調機器に適したGWP10以下の次世代冷媒の組成を決定する．
MITSUBISHI	【機器】自然冷媒および超低GWP冷媒を適用した大形クーリングユニットの研究	従来機器と比べ，定格条件並びに年間の運転を想定した特定の負荷パターンでの年間COPが100%以上，機器販売価格が140%以下を達成するため，冷媒選定及び高元冷サイクルの要素技術を確立する．
TOSHIBA Carrier	【機器】コンデンシングユニットの次世代低GWP冷媒対応化技術の開発	定格機器性能 対従来比100%を達成する冷媒種の選定し，コンデンシングユニットの仕様を決定する．
Panasonic	【機器】低温機器におけるCO_2冷媒を使用した省エネ冷凍機システム開発及びその実店舗評価 ※コンビニ，スーパー，物流倉庫，食品加工工場が対象	CO_2冷凍機の大出力化，高外気温度対応，CO_2冷媒の特性を活かした未利用熱利用，中高温領域への利用範囲拡大について，実用化へ向けた装置群の技術的な目途付けを行う．

（出所）　環境省フロン等対策推進室・経済産業省オゾン層保護等推進室 [2021].

企業としても利益を上げることができよう．各関係省庁が導入支援や開発支援を行うということも見逃せない[7]．地球環境保全のためのビジネスの多くは，国や自治体が資金的支援を行うので，規模の小さなスタートアップ企業でも，熱意と技術さえあれば，チャレンジできるが，現状は，大手企業の取組みが目立っている（表13-2）．

第5節　お わ り に

　以上，地球温暖化に伴うビジネス機会について考察してきたが，最後に，カーボン・ニュートラルを進めるうえで，今後成長しそうなビジネスを見ておこう．

　図13-2は，成長が期待される重点14分野を示したものである．このうち，航空機産業に目を向けてみたい．自動車産業は，我々の生活に欠かせない，身近な産業であり，特に，物流で使用される頻度はますます増えていくだろうから，その分，温室効果ガスの排出を抑える技術がビジネスにつながっていくことが予想される．しかし，個人ユーザーの場合，自動車でできることは鉄道な

図13-2　成長が期待される重点14分野

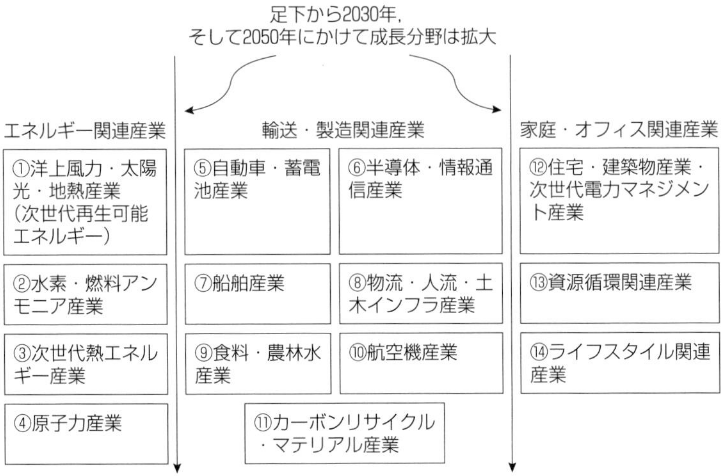

足下から2030年，
そして2050年にかけて成長分野は拡大

エネルギー関連産業	輸送・製造関連産業	家庭・オフィス関連産業
①洋上風力・太陽光・地熱産業（次世代再生可能エネルギー）	⑤自動車・蓄電池産業	⑥半導体・情報通信産業	⑫住宅・建築物産業・次世代電力マネジメント産業
②水素・燃料アンモニア産業	⑦船舶産業	⑧物流・人流・土木インフラ産業	⑬資源循環関連産業
③次世代熱エネルギー産業	⑨食料・農林水産業	⑩航空機産業	⑭ライフスタイル関連産業
④原子力産業	⑪カーボンリサイクル・マテリアル産業		

（出所）内閣官房・経済産業省・内閣府ほか［2021］．

どでも可能なので，今後，個人ユーザーを対象とした自動車の生産・販売は減っていく可能性があり，その結果，ビジネス機会としてはそれほど魅力的とはならない可能性も出てくる．それに対し飛行機は，国際社会にとっては必要不可欠のものであり，同時に，温室効果ガスの年間総排出量も自動車ほどではないが非常に多い[8]．「European Mobility Atlas 2021」によると，マドリードとリオデジャネイロ間の約8100 km（直行便で10時間ほどの距離）のフライトで，約5100 kg 相当の CO_2 を排出しているとのことである[9]．ここ数年はコロナ禍で移動を制限されたことにより，CO_2 の排出量は減ったが，本来は，移動をしながらもその排出量を抑えるというのが理想的な姿であろう．

　気候変動問題の解決に向けた取組みの1つとして，飛行機のフライト時に排出される CO_2 の削減が指摘されており，SAF（Sustainable aviation fuel）がその有効手段として近年注目を集めている．

　持続可能な原料から製造される SAF の最も注目すべき点は，化石燃料と比較して CO_2 の排出量を約80％軽減することができるということである．また，化石燃料と混合して使用することができるため，既存の飛行機や給油設備などにそのまま使用できる点も大きな特長である．現在，SAF の原料となるのは，

主に植物などのバイオマス由来原料や，飲食店や生活の中で排出される廃棄物・廃食油などであり，従来の燃料とは異なる原料で作られているが，燃料としての特性は従来の燃料とほとんど変わりない．そのため，安全性についても，従来の燃料とほとんど変わらず，カーボン・ニュートラルの切り札とも言われている．[10] 日本では2030年までに国内の航空会社が使用する航空機の燃料のうち10％をSAFに置き換えることを目標にしてるが，目標達成に向けては，SAFの国産化が大きな課題である．そこで経済産業省はSAFの製造技術の確立や普及に向けて，各団体・企業と連携した技術開発や実証実験を進めている．ここにも大きなビジネス機会があることを見逃してはならない．[11]

注
1）　フロンガスは自然界に存在しない人工化合物であり，無色透明，無臭不燃性，人体に無毒ということから，当初は理想的な人工化合物であると考えられた．
2）　地球温暖化対策推進法は，1997年に第3回気候変動枠組条約締約国会議（COP3）で気候変動枠組条約に関する議定書（京都議定書）が採択されたことを受けて1998年に成立した．
3）　WWF JAPAN「地球温暖化が進むとどうなる？その影響は？」（2019/12/12）（https://www.wwf.or.jp/activities/basicinfo/1028.html，2022年10月10日閲覧）.
4）　現在では，「環境報告書」という名称のみならず，CSRに基づく取組みの成果を公表する「CSR報告書」，社会や経済分野での貢献まで記載した「サステナビリティ報告書」や「社会・環境報告書」など，その内容や作成趣旨により，いろいろなものがある．
5）　SRI（Socially Responsible Investment）とは，投資家が財務的指標だけでなく，CSR活動を評価した社会的指標と併せて，企業を選んで投資する手法である世界持続的投資連合（GSIA）は，2016年の世界の社会的責任投資（SRI）の残高が，22兆8900億USドル（約2500兆円）と，2014年の前回調査に比べ25％増加したと発表した．
6）　「積極的CSR」とは，「社会とのつながりを重視し，私的利益と社会的利益双方の創出を図りながら，自律的に自らの成長を目指すとともに社会全体の持続的成長に貢献しようとする企業活動」である．これは，社会そのものの歪みあるいは機能不全に起因する各種社会問題の解決や，より健全な社会の建設に企業が参加し貢献する責任である．
7）　グリーン冷媒技術の開発，導入の推進に関して，国は役割を分担している．経済産業省はグリーン冷媒への転換を進めるために必要な技術開発の支援を行い，環境省は実用化しつつもコスト等の課題を有する分野での導入支援を行っている．NEDO（独立行政法人新エネルギー・産業技術総合開発機構）は，持続可能な社会の実現に必要な技術開発の推進を通じて，イノベーションを創出する，国立研究開発法人であり，

国から得た交付金により，大学・研究機関や民間企業等に事業を委託する．

8） 世界の全 CO_2 の約20％が，交通や運輸から排出されている．飛行機は全体の11％で，45％は乗用車から排出されている．人1人を1キロ移動させるのに排出される CO_2 は，乗用車では130g，飛行機は98g，バスは57g，電車は17gとされている．移動手段の中で，乗用車が最も環境負荷が大きいということになる．「自動車ってどれくらい地球環境に影響があるの？」（2021. 6. 4.）（https://www.greenpeace.org/japan/nature/story/2021/06/04/51703/，2022年10月18日閲覧）．

9） 日経クロステック「娯楽や食にもカーボン・ニュートラルの波，成長ビジネスはどこに？」（2021. 7. 19）（https://xtech.nikkei.com/atcl/nxt/column/18/01149/00015/，2022年10月18日閲覧）．

10） サステナブルタイムズ「持続可能な航空燃料，"SAF"とは？その特徴や今必要とされている理由を紹介」（2022/3/14）（https://www.euglena.jp/times/archives/18179，2022年10月18日閲覧）．

11） 国産のSAFの製造に積極的に取組んでいる企業としては，ユーグレナ社が有名である．ユーグレナ社が研究・開発に取組む「サステオ」のジェット燃料はSAFの国際規格「ASTM D7566 Annex6規格」にも適合しており，2021年から供給が開始されている．サステナブルタイムズ「持続可能な航空燃料，"SAF"とは？その特徴や今必要とされている理由を紹介」（2022/3/14）（https://www.euglena.jp/times/archives/18179，2022年10月18日閲覧）．

参考文献

環境省フロン等対策推進室・経済産業省オゾン層保護等推進室［2014］「代替フロン等4ガスの削減対策——フロン排出抑制法に基づく取組——」（https://www.meti.go.jp/shingikai/sankoshin/sangyo_gijutsu/chikyu_kankyo/yakusoku_soan/pdf/002_04_00.pdf，2022年11月7日閲覧）．

———［2021］「代替フロンに関する状況と現行の取組について」（https://www.meti.go.jp/shingikai/sankoshin/seizo_sangyo/kagaku_busshitsu/flon_godo/pdf/010_01_00.pdf，2022年10月13日閲覧）．

内閣官房・経済産業省・内閣府ほか［2021］「2050年カーボンニュートラルに伴うグリーン成長戦略」（https://www.meti.go.jp/policy/energy_environment/global_warming/ggs/pdf/green_gaiyou.pdf，2022年11月7日閲覧）．

中瀬寿一［1967］『戦後日本の経営理念史』法律文化社．

花岡達也［2020］「フロン類排出を見逃すな！オゾン層破壊と地球温暖化への影響」『地球温暖化』70．

第14章

ESG 投資と企業の対応

第1節　はじめに

　近年，資本市場において，環境・社会・ガバナンスの観点で投資判断評価を行う ESG（Environment, Social, Governance）投資が活発化している．企業にとって，ESG への取組みを自社のさらなる企業価値向上につなげること及び機関投資家をはじめとするステイクホルダー（利害関係者）のニーズに応えるためのコミュニケーションを効果的かつ効率的に行うことが課題となっており，統合報告書などを通じて ESG 情報の開示を行っている[1]．統合報告書についての詳細は本章第4節で述べる[2]．

　地球温暖化など全世界的な課題となっている気候変動問題に対応するため，第13章でも触れたように，日本においても，2022年2月に地球温暖化対策推進法（以下，改正温対法と記す）の8度目の改正案が閣議決定され，22年4月から施行された．改正温対法のポイントは，①「2050年脱炭素社会の実現」が地球温暖化対策の基本理念として明記された点，②脱炭素化に向けて，地域の再エネ導入が促進された点，③脱炭素化に向けて，企業の温室効果ガスの排出量情報のオープン化が促進された点，の3つであるが，特に3つ目が ESG 投資との関連性が深い．つまり，企業の温室効果ガス排出量の算定と報告が義務化され，社会への公表が促されたことにより，ESG を重視する機関投資家は，地球温暖化への企業の取組みに関しての評価と投資判断をより行いやすくなったのである．

　ESG とは，「環境（Environment）」「社会（Social）」「企業統治（Governance）」を表しており，定量的な財務情報に加え，そうした非財務情報を考慮する投資（運用）を ESG 投資と呼んでいる．ESG 投資は，近年，非常に注目されており，

世界的な広がりを見せている.

　ESG 投資は，責任投資原則（PRI: Principles for Responsible Investment）との関連性が深い．2006年に国際連合（以下，国連と記す）により PRI が提唱されて以降，その署名機関数は伸び続け，2021年には3826機関となり，署名している機関投資家の資産運用残高は，121.3兆 US ドル（約1.38京円）となった[3]．

　PRI とは，投資に ESG の視点を組み入れることなどからなる機関投資家の投資原則である．原則に賛同する投資機関は署名し，遵守状況を開示・報告する．PRI に署名する機関投資家は，受託者責任と一致することを条件に，以下の 6 つの原則にコミットしている[4]．

　　① 投資分析と意思決定のプロセスに ESG の視点を組み入れる.
　　② 株式の所有方針と所有監修に ESG の視点を組み入れる.
　　③ 投資対象に対し，ESG に関する情報開示を求める.
　　④ 資産運用業界において本原則が広まるよう，働きかけを行う.
　　⑤ 本原則の実施効果を高めるために協働する.
　　⑥ 本原則に関する活動状況や進捗状況を報告する.

　日本においても，投資に ESG の視点を組み入れることなどを原則として掲げる PRI に，日本の年金積立金管理運用独立行政法人（GPIF）が2015年に署名したことを受け，ESG 投資が一気に広がった[5]．

　本章では，ESG を取り巻く企業の動きについて考察していく.

第 2 節　ESG とは

　上述したように，ESG 投資とは，従来の財務情報だけでなく，環境・社会・ガバナンスの要素も考慮した投資のことをいう.

　特に，年金基金など大きな資産を中長期で運用する機関投資家を中心に，企業経営のサステナビリティを評価するという概念が普及し，気候変動などを念頭においた長期的なリスクマネジメントや，企業の新たな収益創出の機会を評価する手段として，国連の持続可能な開発目標（SDGs）と合わせて注目されている[6]．SDGs[7] とは，持続可能な社会の実現を目指すため，国連が採択した2030

年までに，貧困や飢餓，教育，福祉，エネルギーや経済，人権や環境問題などに対して目指すべき17の目標である．

　一方，ESG投資とは，投資家がこうしたSDGsの中でも特に環境負荷の低減，社会的問題への対応，ガバナンスの強化に取組んでいる企業を評価し，資金を投じる，というものである．

　EとはEnvironment，すなわち環境を表し，気候変動，廃棄物や水や大気の汚染，森林破壊や生物多様性，資源枯渇などに関する問題を含んでいる．具体的な行動としては，環境に配慮しながらビジネスを行う，すなわち，CO_2の排出量を抑える努力をしている，工業排水や排気ガスなどで水質汚濁や大気汚染をしない，再生可能エネルギーを積極的に取り入れている，などが挙げられよう．

　SとはSocial，すなわち社会を表し，人権，経済格差，雇用環境，ダイバーシティ，健康と安全などに関する問題を含んでいる．具体的な行動としては，地域の発展に寄与している，雇用環境の改善に取組んでいる，女性や高齢者，障がい者などの活躍の推進に力を入れている，などが挙げられよう．

　また，GとはGovernance，すなわち企業統治を表し，取締役会の機能，役員報酬，贈収賄や汚職，リスクマネジメントなどに関する問題を含む．具体的な行動としては，健全な企業運営を行う上で必要な管理体制の構築や企業の内部を統治する仕組みが機能している，などが挙げられよう．なお，それぞれの内容は，固定されているものではなく，企業を取り巻く環境の変化とともに変わってくものであると捉えるのが現実的であろう．

　ESG投資は，環境，社会問題の解決に企業を参画させるために，投資家の力が利用されるものであるが，ESGに関心の深い投資家は，一般的な投資家とは異なり，企業が生み出す利益だけでなく，利益が生み出された過程にも注目する．これまでの投資は，結果としての利益，すなわち財務情報に基づいて行われることが多かったが，近年では，特に年金機構やキリスト教団体など大きな資産を超長期で運用する機関投資家を中心に，企業経営のサステナビリティを評価するという概念が普及し，そうした動きに注目した投資が増えてきているため，企業も，環境問題，社会問題などを念頭においた長期的なリスクマネジメントや，そうした問題を解決するような新たな収益創出の機会を見出

す方向へとシフトしてきている．逆に言えば，こうした対応ができない企業は，ビジネスの世界から姿を消すことになると言っても過言ではない．言うまでもなく，これらの取組みは，企業のブランド価値を高める活動にもなる．ESG経営は，単に社会的責任を果たすことや，短期的な企業価値の向上が目的ではない．そこに長期的な成長機会があると確信しているからこそ，本気で取組んでいるのである．欧州は地球環境問題とエネルギー問題とを密接に関連づけたグランドデザインを描いている．再生可能エネルギーを中心としたエネルギー政策で社会経済の仕組みを変えるために，国際標準やイニシアチブを作り，それに沿って，産業及び企業に行動変容を迫っている．そして，欧州企業は，それに合わせて事業モデルや事業そのものの転換を図っていっており，社会に貢献するだけでなく，サステナブルに存続するために，戦略的に ESG 経営に取組んでいる［國部 2021］．

　こうした動きをにらみながら，日本企業も独自の経営判断で ESG 経営の戦略を描いていかなければならない．他社がやっているからとか，世の中の動きだからという理由ではなく，企業は自らの生き残りをかけて，そして成長するために ESG に戦略的に取組むべきであろう．

第3節　じわじわと拡大する ESG 投資

　PRI が提唱された2006年以降，ESG 投資の市場は徐々に拡大していった．
　特に，2016年から2018年にかけての増加率が大きくなっており，2016年，ESG 投資の世界の資産運用残高は22.9兆 US ドルであったが，2018年には30.7兆 US ドル，そして，2020年には35.3兆 US ドルへと拡大している．全運用資産に占める比率は約36％となった．一方，日本の ESG 投資へと目を転じてみると，その資産運用残高は，2016年に0.5兆 US ドル（世界全体の2％）であったものが，2018年には2.1兆 US ドル（同7％）と2年間で4.2倍増になっており，2020年には2.9兆 US ドル（同8％）と4年間で5.8倍増になっている．ちなみに，この数字は，日本の全運用資産の約24％に相当する．[8]
　ブルームバーグ・インテリジェンス（以下，BI と記す）の分析では，ESG 投資の成長率を過去5年間のペースの半分の15％と想定して，その資産運用残高

は，2025年までに予想される全資産運用残高140.5兆ドルの３分の１以上を占めることになるとみており，53兆ドルに達すると予想している[9]．さらにBIの分析では，ESG投資が世界的に広がってはいるものの，欧州の投資額が減少していることが示されている．その背景には，ESG投資の基準の見直しがあり，欧州では今後も伸びは減速傾向との見方が強い．

　地域別では，米国が17.1兆ドルと過去２年間で42％増えており，これまで世界のESG投資をけん引してきた欧州を上回り最大となった．欧州は基準見直しを背景にこの２年で15％減って12兆ドルとなった．2018年に欧州連合（EU）のサステナブルファイナンス行動計画が打ち出され，環境貢献事業を定めたEUタクソノミーをはじめ，見せかけだけで実態を伴わないESG投資を防ぐリールの整備が進んでいるのである．オーストラリアとニュージーランドもESGの定義を厳格化している．米国では，バイデン政権のESG推進が追い風となっている形であるが，世界的に見せかけのESGへの規制強化は進む見通しである[10]．

第４節　投資を呼び込む統合報告書

　近年，企業が発行する報告書として，有価証券報告書等の制度開示書類とは別に，自主的な開示媒体が公表される傾向が強くなっており，統合報告書等の名称で，自主的に年次報告書が公表されるケースが年々増えている．また，その情報開示の内容も広がりを見せている．

　CSRが叫ばれ始めた当初，企業はあまり関心を示さなかった．しかし，機関投資家たちがそれに関心を持ち始めると，多くの企業がそれまでの「財務報告書」に加え「環境報告書」を発行するようになり，今では環境のみならず社会性も加味した「サステナビリティ報告書」が発行され，近年，「財務報告書」と「サステナビリティ報告書」を合わせた「統合報告書」を発行する企業が目立ち始めてきているのである．

　ESGに関連する情報は，このような統合報告書に代表される自主開示実務において，企業独自の価値創造ストーリーを，ビジョン，ビジネスモデル及び戦略等を中心に創意工夫を凝らして説明する取組みの中で情報開示されるとい

う形で行われている．国際的には，企業報告や非財務情報の開示に関してはさまざまなフレームワークや，ガイドライン等が提供されており，多くの日本企業が統合報告書を作成するにあたっては，国際的なフレームワーク及び基準等を参考としている．

ここでは，IIRC の国際統合報告 IR フレームワーク[11]の中から価値創造プロセスの概要について考察する．

IIRC の長期的なビジョンは，統合報告が企業報告の規範となり，統合思考が公的セクター及び民間セクターの主活動に組み込まれた世界が実現されることにある．統合報告と統合思考の循環によって，効率的かつ生産的な資本の配分がもたらされ，それによって金融安定化と持続可能な開発につながる[12]．

IIRC は統合報告を，進化を続ける企業報告システムの一過程であると位置づけている．統合報告は，財務報告等の組織報告の発展と一貫しているが，統合報告書は，さまざまな意味で他の報告書やコミュニケーションと異なる．特に異なる点は，組織の短，中，長期の価値創造能力に焦点を当てていることであり，それによって，簡潔性，戦略的焦点と将来志向，情報の結合性，資本及び資本間の相互関係に焦点を当てるとともに，組織における統合思考の重要性を強調している．

統合思考とは，組織内のさまざまな事業単位及び機能単位と，組織が利用し影響を与える資本との間の関係について，組織が能動的に考えることである．統合思考は，短，中，長期の価値の創造，保全及び毀損を考慮した，統合的な意思決定と行動につながる．統合思考が組織活動に浸透することによって，より自然な形で，マネジメントにおける報告，分析及び意思決定において，情報の結合性が実現されることになる[13]．

統合報告書は8つの要素を含む．各要素は，本来的に相互に関連しており，相互排他的なものではない．8つの要素とは，以下の通りである[14]．

○組織概要と外部環境

統合報告書は，次の問いに対する答えを提供する．組織が何を行うか，組織はどのような環境において事業を営むのか．

○ガバナンス

　統合報告書は，次の問いに対する答えを提供する．組織のガバナンス構造は，どのように組織の短，中，長期の価値創造能力を支えるのか．
○ビジネスモデル
　統合報告書は，次の問いに対する答えを提供する．組織のビジネスモデルは何か．
○リスクと機会
　統合報告書は，次の問いに対する答えを提供する．組織の短，中，長期の価値創造能力に影響を及ぼす具体的なリスクと機会は何か．また，組織はそれらに対し，どのような取組みを行っているか．
○戦略と資源配分
　統合報告書は，次の問いに対する答えを提供する．組織はどこを目指すのか，また，どのようにそこにたどり着くのか．
○実績
　統合報告書は，次の問いに対する答えを提供する．組織は当該期間における戦略目標をどの程度達成したか，また，資本への影響に関するアウトカムは何か．
○見通し
　統合報告書は，次の問いに対する答えを提供する．組織がその戦略を遂行するに当たり，どのような課題及び不確実性に直面する可能性が高いか，そして，結果として生じるビジネスモデル及び将来の実績への潜在的な影響はどのようなものか．
○作成と表示の基礎
　統合報告書は，次の問いに対する答えを提供する．組織はどのように統合報告書に含む事象を決定するか，また，それらの事象はどのように定量化，又は評価されるか．

　ここで示された価値創造プロセスには，過去・現在・未来の組織の業績に深くかかわる財務・非財務の「資本」が，組織の中でどのように利用され，事業活動を通じてこれらの「資本」にどのような影響を与えているのかといった点が明らかにされ，組織が価値を創造する仕組みが「見える化」されている[15]．こ

のフレームワークが提示されたことにより，統合報告書の発行企業が増え，長期的な投資スタンスの投資家が増えてきたが，同時に，SDGs への対応を含めて，経営の持続可能性に対する，より説得力のある答えが企業に対して求められるようになってきた．

　IIRC の価値創造フレームワークにより，企業は，自社の価値創造を財務，非財務の双方の視点をもって整理することに注力するようになったが，そうした企業の価値創造プロセス図の多くは「企業がどこに向かおうとしているのか」「そのために，今はどのようなビジネスを展開し，これからそのビジネスを，どのような時間軸でどう進化させようとしているのか」などの点については，説得力のある形で示してこなかったのではないか，という見方もある．[16)]

　つまり，価値創造プロセス図を，形式に従って作成すること自体が主眼とされ，肝心の企業独自の考え方や持続可能な成長に向けた取組みの意義などが薄い統合報告書も散見されるため，価値創造プロセスに「ストーリー」を含ませることが重要だとする見方である．[17)]

　企業が，「今後の事業機会や，将来のリスクへの認識や対応を踏まえ，投資家を含むステイクホルダーに対して自社の持続可能な成長を促すストーリー」を統合報告書の中に折り込むことは，投資家たちがより適切な投資判断をするのに役立ち，引いては，地球環境や社会をより改善させることにつながると思われる．

第5節　おわりに

　企業が統合報告書など，環境，社会，ガバナンスに関する企業報告書を発行することにより，投資家たちの意識は変わる．逆に，投資家たちが地球環境や社会への関心を深めることにより，企業の CSR への取組み姿勢も変わる．

　特に，統合報告書は，財務情報と CSR 情報が統合されているため，企業は CSR に取組みながら，財務パフォーマンスでも成果を上げることを投資家たちから期待され，実際，そうした企業に投資家たちは関心を持つ．

　マイケル・E.ポーターとマーク・R.クラマーはそこに問題を見出し，2011年に，CSV（共通価値の創造）という概念を発表した．彼らは CSV を「企業が

事業を営む地域社会の経済条件や社会状況を改善しながら，自らの競争力を高める方針とその実行」と定義した．そして，この概念の前提として，価値の原則を用いて社会と経済双方の発展を実現しなければならない，とした．言い換えると，「経済的価値を創造しながら，社会のニーズや問題に対応することで社会的価値も創造する（社会的価値を創造することで経済的価値を創造できる）というアプローチ」であり，彼らはCSVが企業成長の次なる推進力と考えており，GE, IBM，グーグル，インテル，ジョンソン・アンド・ジョンソン，ネスレ，ユニリーバ，ウォルマートなどが早くからCSVに取組んでいるとしている［合力 2022：268-269］．

　共通価値の概念は，「従来の経済的ニーズのみならず，社会的ニーズと併せて市場は定義される」という前提に立っている．すなわち，共通価値の創造を企業目的と考える企業は，企業の経済活動への社会的制約をコスト増とは考えない．なぜなら，企業は，その制約に応えるために開発された新しい技術，あるいは業務方法や経営手法を通じてイノベーションを生み出せるからであり，その結果，生産性を向上させ，市場を拡大させることもできるからである．

　こうした企業のスタンスに共鳴するのが，まさにESG投資であり，ESG投資への投資家たちの関心の高まりは，企業の環境面，社会面，ガバナンス面における取組みを，意識改革かつ技術改革という形で，よりブラッシュアップさせることにつながるであろう．

注
1）　財務情報を中心とした「アニュアルレポート」とCSR（Corporate Social Responsibility：企業の社会的責任）活動全般を紹介する「サステナビリティ報告書」を統合した報告書で，IIRC（国際統合報告評議会）が，2013年にそのフレームワークを公表した．その後，2020年にフレームワークは改訂されている．
2）　デロイトトーマツ「大学経営におけるESG投資――ESG投資と大学の関係及び価値創造モデルについて――」（https://www2.deloitte.com/jp/ja/pages/public-sector/articles/edu/esg-for-university-management.html，2022年10月27日閲覧）．
3）　ESGアドバイザリー・サービス（https://consult.nikkeibp.co.jp/premium/lp/esg-communication-1/，2022年10月19日閲覧）．
4）　経済産業省（https://www.meti.go.jp/policy/energy_environment/global_warming/esg_investment.html，2021年8月13日閲覧）．
5）　ESG投資に関する機関投資家のための規準としては，国際規準であるPRIのほかに，

日本国内では日本版スチュワードシップ・コード（以下，SC と記す）がある．SC は，機関投資家に責任をもった投資判断を促すための指針であるが，PRI よりも要件が柔らかであるため，こちらを受け入れる企業の方が多いというのが実情である．

6）　デロイトトーマツ「大学経営における ESG 投資——ESG 投資と大学の関係及び価値創造モデルについて——」（https://www2.deloitte.com/jp/ja/pages/public-sector/articles/edu/esg-for-university-management.html，2022年10月27日閲覧）.

7）　Sustainable Development Goals（持続可能な開発目標）の略称．2001年に策定されたミレニアム開発目標（MDGs）の後継として，2015年9月の国連サミットで加盟国の全会一致で採択された「持続可能な開発のための2030アジェンダ」に記載された，2030年までに持続可能でよりよい世界を目指す国際目標．17のゴール・169のターゲットから構成され，地球上の「誰一人取り残さない（leave no one behind）」ことを誓っている．SDGs は発展途上国のみならず，先進国自身が取組むユニバーサル（普遍的）なものであり，日本としても積極的に取組んでいる（外務省（https://www.mofa.go.jp/mofaj/gaiko/oda/sdgs/about/index.html，2022年11月2日閲覧））.

8）　Global Sustainable Investment Alliance（2020），"Global Sustainable Investment Review 2020及び NPO 法人日本サステナブル投資フォーラム　サステナブル投資残高調査の公表資料より環境省が作成したものに基づく．

9）　Bloomberg Intelligence「ESG 資産，2025年には53兆ドルに達する可能性——世界全体の運用資産の3分の1 ——」（https://about.bloomberg.co.jp/blog/esg-assets-may-hit-53-trillion-by-2025-a-third-of-global-aum/，2022年11月3日閲覧）.

10）　日本経済新聞「世界の ESG 投資額35兆ドル　2年で15％増」（2021/07/19）（https://www.nikkei.com/article/DGXZQOUB163QV0W1A710C2000000/，2022年11月4日閲覧）.

11）　International Integrated Reporting Council：国際統合報告評議会．規制者，投資家，企業，基準設定主体，会計専門家，学識者，NGO により構成される国際組織で，レポートを通じて，企業に価値の創造，保全又は毀損についての統合報告を促す．

12）　IIRC「国際統合報告〈IR〉フレームワーク」2021年1月，スライド2.

13）　IIRC「国際統合報告〈IR〉フレームワーク」2021年1月，スライド3.

14）　IIRC「国際統合報告〈IR〉フレームワーク」2021年1月，スライド34-43.

15）　日経 BP コンサルティング「『パーパス起点の価値創造ストーリー』の描き方」（2021/05/12）（https://consult.nikkeibp.co.jp/ccl/atcl/20210512_2/，2022年11月5日閲覧）.

16）　「『パーパス起点の価値創造ストーリー』の描き方」（2021/05/12）.

17）　「『パーパス起点の価値創造ストーリー』の描き方」（2021/05/12）.
　　なお，パーパスとは「社会的意義」を意味する．ミッション（社会的使命）とほぼ同義だが，ミッションが「果たすべき内容そのもの（What）」であるのに対し，パーパスは「果たすべき理由（Why）」とされる．

参考文献
合力知工［2022］『新「逆転の発想」の経営学』同友館.

國部克彦［2021］「ESG・SDGs 経営はもはや避けて通れない．長期的な社会利益のため
に，戦略的に行うべし」Harvard Business Review（https://dhbr.diamond.jp/
articles/-/7920，2022年10月27日閲覧）．

人口問題，食と農業

第1節　は じ め に

　本章では，まず人口増加に対応して，食糧の増産がいかに行われてきたかを俯瞰していく．特に水の取水量と化学肥料の増産が重要な役割を果たしてきた．その上で，食料増産に大きな役割を果たしてきた化学肥料と地球温暖化の大きな要因である化石燃料との関係をみていく．その上で，地球温暖化が進むと，食料生産・確保はどのような影響を受けるのか？　或いは，実は輸送システムを含む食料生産そのものが地球温暖化に寄与している事実に関しても述べる．

　人口問題と密接に関係する食糧生産に関しての新しい取組み──具体的には植物工場の進展や培養肉などの話題に関しても触れていくことにする．

第2節　人口増加とその対応としての食料生産

　執筆している2022年現在で，世界の人口は78億人と推定され，予測では2030年に約85億人，2050年に97億人，2080年で100億人を超えてピークを打ち，2100年までその人口数を維持すると言われている．当然，それに見合う食料が確保されないと，その人口は維持できない．2021年においてさえ，飢餓人口は8.3億人と推定され，世界人口の約10％を占める状況である．飢餓までは至らない，中～重度の食料不足人口は世界人口の約3割──23億人と言われている．世界の人口，取水量，化学肥料生産量の推移を**図15‑1**に示す．図を見ると，人口の増加は水資源の確保と化学肥料の生産・投入に助けられてきたことは明らかである．また，農業には湛水が不可欠である．地球上の水は14億 km^{3}と言われるが，その97.5％は海水に代表される塩水，残りの2.5％が淡水と言われ

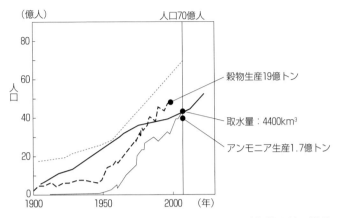

**図15-1　人口増加と穀物生産量，取水量および化学肥料の推移
の比較**

（出所）農林水産省［2021］に筆者加筆.

ている．さらには，その淡水の70%は氷河・氷山などで雪あるいは氷として存
在し，残り30%もほとんどは土中の水分や地下水として存在する．そのため，
人が利用しやすい河川や湖沼に存在する地表水は淡水の約0.4%——地球上の
水のわずか0.01%にすぎない．そのため，人口増加に伴う食料生産には地下水
を汲み上げて活用する灌漑が不可欠である．第3章「地球温暖化の状況とイン
パクト」で述べたが，地球温暖化が進むと降水の変化による水資源に影響が出
ることは確定的である．その場合，現在よりもさらに地下水をくみ上げて，農
業用水としての活用が加速されると言われる．しかし，地球温暖化が進むと，
地下水の塩水化が進むと考えられる．塩害，すなわち，地下水中の塩分が水を
供給した農業用地に残存し，作物の成長を妨げる害である．塩水化は海に近い
地域で起きやすく，また一度発生すると，その回復に長い年月を要する．地下
水の状況と，地球温暖化による塩水化発生のメカニズムを図15-2と共に，以
下に示す.

　まず，図15-2 a）は，地下水の状況を示す．陸上において降水によりもた
らされる水は，河川で流れる以外にも，地下水として流れ，海に達する量も多
い．その地下水を汲み上げ，農地の灌漑に利用している．図15-2 b）のよう
に，温暖化で海面上昇が起こると，地下水脈への海水の侵入が起こり，地下水

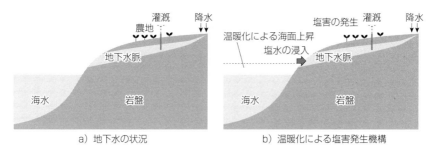

a）地下水の状況　　　　　　　　b）温暖化による塩害発生機構

図15‑2　地下水の状況と温暖化による塩害発生の機構

脈が塩水化される．これを汲み上げ，灌漑に使用することで，塩水中の塩分が地表に残り，塩害となる．温暖化以外にも，農業用水等として地下水を大量に汲み上げ，地下水位が下がると海水が地中に引き込まれ，陸側に入り込む．これが，塩水化の1つの要因である．

このように，地球温暖化によって元々，渇水頻度が増える地域では海面上昇と渇水という2つの理由が重なるため，塩水化が進むリスクがさらに高まる．既に，現在においても，海面上昇により，世界中で10億ヘクタール以上もの農地が塩害被害を受けていると考えられている．東日本大震災では，大規模な津波が発生し，内陸部まで深く浸透したため，水田などを海水が覆った．そのため，作物が育たない状況となり，大規模な客土（土の入れ替え）などを実施した．このように，一度，海面上昇によって海水が地下水の塩水化が起こると，土壌は塩害によって農業が困難になる．

次に化学肥料をみていく．化学肥料の中で，窒素質肥料の多くはナフサを代表とする化石燃料を原料として製造されている．そのため，**図15‑1**の人口増に伴う化学肥料の増産も化石燃料——特に石油の増産によるところが大きい．また，同じく化学肥料である硫酸アンモニウムは，その生産工程として合成硫安，回収硫安，副生硫安に分類される．回収硫安は，石炭を原料としたコークス製造の際の副産物であるアンモニア又は石油精製の際複生するアンモニアを利用して作られるものである．また，副生硫安は，石炭火力発電所の脱硫装置等において，処理に使用した硫酸又はアンモニアを，硫酸アンモニウムとして回収したものである．日本では，硫安の生産に特化した合成硫安は1971年以降，生産を停止している．すなわち，石油或いは石炭をベースにした生産量で充分

に賄える状況である．このように，**図15‑1**の人口増加に対応するための化学肥料増産は，化石燃料に裏付けられたものであることが分かる．地球温暖化対策として化石燃料を削減することは，その使用の副生物として得られてきた化学肥料生産が著しく低減する可能性をもたらす．電力は再生可能エネルギーへの転換を進めるとしても，現在においてすら飢餓人口が多い状況で，化学肥料減産，人口増加は二重に将来に大きな影響を及ぼす可能性がある．このように，現代社会は多くの経済活動が複雑に絡み合っているために，何かを変えると，連鎖的に他の事象が影響を受ける．このような全体感をもってカーボンニュートラルの推進をしていくことが不可欠である．

第3節　地球温暖化が食料生産に与える影響

　地球温暖化がこのまま進めば，地球の平均気温は1.5～2℃上昇すると言われている．農作物の基幹は植物であるため，その生育や成長は，平均気温にも大きく依存する．現在は，いわゆる穀倉地帯と呼ばれる地域は低～中緯度にあり，その地域において，平均温度が2℃上昇すると，作物の減産になると言われる．他方，ロシアなどの高緯度地域は，元来気温が低い地域であるため，増産となる可能性もある．

　他方，雨の影響についてみていく．地球の平均気温が1℃上昇すると海水の蒸発量が7％程度増加すると言われる．そのため，降雨が増えると考えがちであるが，温暖化が進むと，降水が増える地域と減る地域に分かれると予測されている．また，雨が降るときは一時期に大量に雨が降り，降らない時は全く降らないなど，降水の在り方が極端に振れることも予測されている．非常に狭い地域（半径500m など）で，激しい降水が起こる気象をゲリラ豪雨と呼ぶが，このゲリラ豪雨は現在でも，夏場を中心に国内で年間700回程度観測されている．特に，都市部では急減な増水に耐えられず，地下鉄に水が浸入するなど，いわゆる都市型洪水も発生している．このような極端に振れる降水の在り方は，農作物に良い影響を与えない事は容易に想像できる．

　さらには，地球温暖化が進むと，台風の在り方も変化する．現在は，世界では年間80個程度の台風が発生すると言われているが，温暖化が進むと，年間50

個程度に減ると予測されている．しかし，数は減るものの，個々の台風が大型化——いわゆるスーパー台風が増えると考えられている．スーパー台風は最大風速が60 m/s を超える台風と定義される．最近では，2019年に令和元年房総半島台風と呼ばれるスーパー台風が千葉県に上陸し，農作物関係だけでも665億円と言われる甚大な被害をもたらした（千葉県農林水産部農林水産政策課調査）．台風の時期は，主な農作物の収穫時期とも被るので，今後の台風のスーパー台風化は国内においても重要な課題である．

　今後，地球温暖化が進み，十分な降水が期待できない場合には，前節で述べた灌漑に頼らざるを得ない．地下水の灌漑は，元々地下水に塩類が含まれている場合には，塩害をもたらす可能性があり，特に地球温暖化が進むと，塩水化を加速するのは述べた通りである．地球温暖化は将来の農作物の生産に多くの課題を投げかける．降水の変化——特に，降水量の低下，スーパー台風，さらにその対策としての灌漑における塩害である．これらを複合的に解決していく手段はまだ見出されていないと考える．

　灌漑は，地下水の利用が一番，簡易で経済的にも優れた方法である．しかし，灌漑は用水路などで水を，他の水資源の豊かな地域から輸送することでも実現可能である．例えば，米国のカリフォルニア州は乾燥地域で元来，農業には適さない地域であった．他方，州の北部地域では豊富な降水があり，それを多くのダムや用水路を張り巡らすことで，現在は全米で最も農作物販売額の大きい州となった．しかし，この外部からの灌漑にも課題がある．例えば，国内では新規ダムの設置個所がそもそも無い．また，地球温暖化は先進国と後進国の分断を加速されると言われている．後進国では大規模なダムや用水路網を建設・設置するだけの経済力がないことも懸念材料である．人口増加は得てして後進国で顕著であり，また地球温暖化による乾燥化の影響を受けやすい地域に後進国が存在する．人口増加，農作物の減少，経済的課題，これらを同時に解決していかない限り，解決の糸口は見出せない．先進国においては，各国のカーボンニュートラル政策に伴う，経済的な支出が増え，さらに途上国への支援となると大きな負担になる．それが，先進国，途上国の分断を生む可能性は否定できない．

　さらには，水は農業のみならず，飲料水として，人間の生活に不可欠なもの

である．特に，人口が増える地域で，降水量が減る場合，農業と飲料水を同時に，どう確保しているかの課題も生じる．

　ここで，バーチャルウォーターについて述べておく．日本においては，豊富な水資源に恵まれ，水道水が安全に飲める国でもある．そのため，水と空気はただ的な感覚もある．他方，乾燥に悩まされ続けている地域，国も多い．特に後進国も多く，その輸出が農作物に大きく依存している場合がほとんどである．述べてきたように，農作物は大量の水を必要とし，日本に対象国から農作物を輸出することは，対象国からの水を輸出していることと同じとなる．このような水をバーチャルウォーターと呼ぶ．代表的な農作物の生産に必要なバーチャルウォーターの量を**表15-1**にまとめる．表で，バーチャルウォーターの単位は m^3/トンであり，対象の農作物1トン当たりの生産に必要なバーチャルウォーターの体積量である．米は水田が必要なため，より多くの水資源を必要とする．葉物野菜は相対的に少ない水量で済むことがわかる．他方，元々水資源を必要とする穀物を大量に餌として与える食肉——特に牛肉に関しては，突出して多いバーチャルウォーターが必要である．食料自給率が40％と極端に低い日本が，農作物として輸入したバーチャルウォーターの総輸入量は，$1000\,m^3$/年と言われており，これは日本国内の年間水使用量$8900\,m^3$/年と同程度か多い量となっている［環境省HP：佐藤 2003］．日本にけるバーチャルウォーターの輸入の流れを**図15-3**に示す．図から，北米，オーストラリアからの量が多いのは，牛肉の輸入が多いことに由来すると思われる．このように，日本の食生活は，多くの国からのバーチャルウォーターに依存していることは間違いない．最近はフードロスに対する問題も指摘されており，フードロスのみならず，他国から輸入したバーチャルウォーターのロスであることは重要な認識である．

第4節　食料生産が地球温暖化に与える影響

　これは，一面逆説的であるが，実は，食料生産が地球温暖化に与える影響も大変に大きいことがわかっている．食料が我々の暮らしに届くのには，単に生産だけでなく，国内農地からの市場，店舗への輸送，船舶，航空による海外か

表15-1　各農産物生産に必要なバーチャルウォーター量

農作物の種類	生産に必要なバーチャルウォーター量（m³/トン）
小麦	1600
米	3700
ほうれん草	246
牛肉	20600
豚肉	5900
鶏肉	4500
卵	3200

（出所）佐藤 [2003].

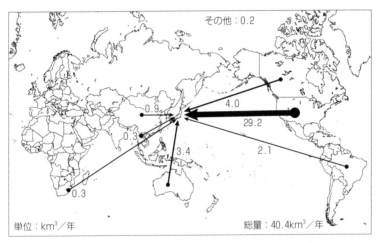

図15-3　日本におけるバーチャルウォーター輸入の状況

（出所）Oki, et al. [2003] を基に筆者翻訳.

らの輸送が不可欠である．生産においても，トラクターを稼働する，ビニールハウス内の温度を保つなどの目的で燃焼される燃料消費も含まれる．これらの一連の流れをフードシステムと呼ぶ．地球温暖化は化石燃料の削減を議論している訳であるが，実はこのフードシステムが二酸化炭素排出に大きなインパクトを占めていることが分かってきた．2018年の評価では，フードシステムからの二酸化炭素の排出量は16ギガトン（160億トン）と推定され，実に全体の二酸化炭素の排出量の1/3に相当するといわれる．16ギガトンの1/3が農地開拓，農地転換などによると言われ，残りは農業生産と輸送などに由来する．

　農業生産そのもので温暖化に影響するのは，家畜——特に，牛，羊，山羊などの反芻動物からのげっぷである．これらの動物は反芻する過程で，メタンを大気中に放出する．メタンは二酸化炭素の24倍，太陽からの熱を貯めこみ，放出しない性質を持っており，二酸化炭素よりもメタンの影響が特に地球温暖化を加速する．牛からのメタン放出は300 L/日とも言われており，酪農が多くない日本国内においても，農林水産分野で排出される温室効果ガスの量が約4747万トンであるのに対して，そのうち約16%に当たる約756万トンが牛からのげっぷに依ると言われている．この点の改善を目指して，例えば，牛の餌にカシューナッツ殻液を含む製剤を添加することで，胃中に生息する微生物に対し抗菌作用を与え，メタン発酵・発生を抑制するなどの研究がなされている．

　国内における食料輸送量は1990年比で80%上昇し，また食料のサプライチェーンにおける化石燃料由来の排出量も1990年から50%増えていると言われている．国内の農林水産省では，2050年に目指す姿として，以下のような「みどりの食料システム戦略」を打ち出している．

① 農林水産業の CO_2 ゼロエミッション化の実現
② 化学農薬の使用量を50%低減
③ 化石燃料由来の化学農薬の使用量を30%低減
④ 有機農業の取組み面積割合を25%に拡大
⑤ 農林水産業の健全な発展に資する再生可能エネルギーを農山漁村に導入等

　先にのべたように，従来の農業生産は化石燃料をベースとした化学肥料の増産に支えられてきた．そこから離脱し，化学農薬，肥料の大幅な削減は野心的な試みと言える．このような取組みは，国内のみならず，世界的潮流であり，欧州では日本より前倒しで2030年には化学農薬を50%減，有機農業を25%に拡大を，また，米国では2050年までに農業生産量40%増加を目指している［農林水産省 2021］．

第5節　植物工場の取組みの現状

　無農薬野菜など，健康志向のブームもあって，植物工場による野菜生産が注目されている．植物工場は，水耕栽培，LED による光源，また IT を駆使した徹底的な温度管理，湿度管理などにより，植物を効率良く生産する仕掛けである．特に，従来は農業生産が困難な，スーパーマーケット等の建物の地下などでも栽培できるのが特徴である．直接，店に提供できることから，新鮮，輸送コストも削減できる魅力もある．また，観光農業は二次元平面でしかできないのに対して，植物工場は 3 次元的に生産場所を拡張できる点もメリットと考えられる．さらには，LED や温度管理などの電源として，再生可能エネルギーを活用できる可能性があることから，太陽光発電との親和性も期待できる．**写真15−1** に，植物工場の事例を示す．このような背景の下，多くの会社が独自のコンセプトの植物工場を開発し，特に東日本大震災の際には，被災地の復興支援の名目の下，植物工場が各地に展開された時期もある．その 1 つの取組みとして，農業ベンチャーによる事例ではビニール製のドーム型の農場内に水耕栽培用の円形プールを設置する．プールの中心からレタス等の葉物の種を撒いた浮き状のポッドをプールに置いていく．次の日も同様に，新たなポッドを中心位置から置き，それを続けると，ポットは日々同心円状に広がり，一番最初のポッドはプールの外周に届くようになる．その到着時には十分な日数を経ており，撒いた種が収穫できる状態に育っていく．後は，外周に沿って，人が葉物野菜を収穫していくというものである．このようなコンセプトであれば，効率良く葉物野菜を育成，収穫できるというものである．当時，復興支援もあり，特に津波などの被害が多かった東北地方で展開された．コンセプトは，非常に優れてはいたものの，投資回収がままならず，開発した商事は2016年に破産をしている．このように，植物工場は大変に魅力的な反面，まだ国からの補助金無しで自立した形での経営は難しい状況と考える．上記の「みどりの食料システム戦略」の戦術の 1 つとしては重要であるが，普及には更なる改良と採算性の改善が求められる．

　植物工場は，おもに農作物を対象とするが，さらなる試みとしては，動物の

写真15−1　植物工場の事例

細胞を培養して，人工的な肉を作り上げる，いわゆる培養肉の取組みもある．培養した細胞を，3Dプリンターの技術を用いて，自然な肉形状に造形していくものである．ベンチャー企業が活躍しているが，家畜資源の代替となり得るかは未知数である．さらには，昆虫食という取組みもあるが，今後心理的な抵抗を超えて普及するかは不透明である．

第6節　おわりに

今後しばらくは，人口増加はとまらず，100億人に達すると予測されている．その巨大な人口を支えるには，食料の増産が不可欠でる．しかし，現在において食糧システムにおける二酸化炭素の排出量は全体の1/3に達することがわかっている．特に，二酸化炭素の排出量のみならず，バーチャルウォーターの課題も看過できない課題である．カーボンニュートラルを目指すと同時に，今後も増え続ける人口をどのように安定に支え続けられるか？　それらを複合的に考える必要がある．以上を踏まえて，読者はどのような選択をするべきか？ぜひ，自身で選択を考えてみて欲しい．

参考文献
〈邦文献〉
沖大幹［2008］「バーチャルウォーター貿易」『水利科学』304.
佐藤未希［2003］「食料生産に必要な水資源の推定」東京大学大学院工学系研究科社会基盤学専攻修士論文.

清水俊介・杉原範彦・脇阪直樹・大江康一・勝田光弘［2014］「次世代農業ビジネスを支える植物工場生産支援クラウドサービス」『日立評論 社会イノベーション事業を加速する情報活用ソリューション Intelligent Operations』96(10).

農林水産省［2021］「農林水産分野における地球温暖化の取組みについて」.

〈英文献〉

Oki, T., Sato, M., Kawamura, A., Miyake, M., Kanae, S. and Musiake, K.［2003］"Virtual water trade to Japan and in the world, Virtual Water Trade," in A. Y. Hoekstra ed., *Proceedings of the International Expert Meeting on Virtual Water Trade*, Value of Water Research Report Series No. 12.

第16章

気候変動と SDGs

第1節　はじめに

　SDGs（Sustainable Development Goals）は，2000年にまとめられた MDGs（Millennium Development Goals）の達成状況や社会情勢の変化を踏まえ，2015年に新たな行動目標として**表16‑1**に示す8項目に対して国連において作成されたものである[1]．

　外務省の HP からも MDGs は ODA（政府開発援助）活動の一環として捉えられており，発展途上国の生活環境の改善が主な目的である．そのためか，表からも分かるように環境にかかわる目標は8項目あるうちの1項目，「環境の持続可能性の確保」のみである．

　MDGs は2015年に終了し，その達成状況は国際連合広報センターから「ミレニアム開発目標（MDGs）報告2015」として概要が報告されている[2]．それによると，MDGs はこれまでの国際的な取組みでもっとも成功した事例であり，多くの成功を導いてきた，と結論付けられている．環境にかかわる課題に対し

表16‑1　MDGs の目標

目標1：極度の貧困と飢餓の撲滅	目標5：妊産婦の健康の改善
目標2：初等教育の完全普及の達成	目標6：HIV ／エイズ，マラリア，その他の疾病の蔓延の防止
目標3：ジェンダー平等推進と女性の地位向上	目標7：環境の持続可能性確保
目標4：乳幼児死亡率の削減	目標8：開発のためのグローバルなパートナーシップの推進

（出所）　外務省 HP.

ては，飲料水源の確保とオゾン層破壊物質の除去において，大きな成果を上げたとされている．しかし一方で，まだ取り残された課題があることも指摘されており，その中には気候変動や水不足，海洋漁業資源の乱獲などがあげられている．またこの報告書では最後にポスト2015年開発アジェンダへの課題として，"誰一人として置き去りにしない"ことの実現が強く提唱されている．

第2節　SDGs の概略

SDGs は MDGs で未達であった課題，あるいは新たに配慮が必要となった課題に焦点を当て，2015年9月の国連サミットにおいて全会一致で採択された「持続可能な開発目標」である．目標は17項目に増え，また各々に具体的なターゲットが定められており，その総数は169となっている．MDGs はその成果チャートからも対象とする国や地域を発展途上国に限定していた．またその活動も前述のように ODA などの国際的な取組みをベースとして実施されてきた．SDGs ではその点も見直し，行動の主体者を国家から個人ベースにまで拡張し，取組むことが求められている．表16‐2にその目標を示す．なお，ロゴは国際連合広報センターからダウンロードできる[3]．その結果として，MDGs の時は主に外務省が主担当であったものが，SDGs では内閣府，金融庁，消費者庁，総務省，法務省，文部科学省，経済産業省，環境省，防衛省が関係省庁として挙げられており，また JICA や国立研究開発法人科学技術振興機構などの多くの公的な関係機関や経団連も加わっている．

SDGs では MDGs にも取り上げられた貧困や飢餓の課題，教育の目標，ジェンダーの目標の他に，環境にかかわる目標が表16‐3に示すようにターゲットとともに非常に多く取り上げられている．

このようにきわめて多くのターゲットが環境問題に割かれているのは，MDGs から SDGs に至る間に，気候変動があらゆる国と地域で意識されるようになったことに原因があると考えられる．MDGs での目標は発展途上国に対する国レベルでの支援の色彩が強いものであったが，気候変動は先進国においても，あるいは先進国こそが早急な対応を迫られるものであり，このようなターゲットが定められたことで，SDGs はより広範に全ての国をカバーする性

表16‐2　SDGsの目標

目標1	貧困をなくそう	目標10	人や国の不平等をなくそう
目標2	飢餓をゼロに	目標11	住み続けられるまちづくりを
目標3	すべての人に健康と福祉を	目標12	つくる責任，つかう責任
目標4	質の高い教育をみんなに	目標13	気候変動に具体的な対策を
目標5	ジェンダー平等を実現しよう	目標14	海の豊かさを守ろう
目標6	安全な水とトイレを世界中に	目標15	陸の豊かさも守ろう
目標7	エネルギーをみんなに．そしてクリーンに	目標16	平和と公正をすべての人に
目標8	働きがいも経済成長も	目標17	パートナーシップで目標を達成しよう
目標9	産業と技術革新の基盤を作ろう		

（出所）　国際連合広報センター HP.

　質のものになったと考えられる．日本においても，気候変動の問題は最近取り上げられることが多くなってきたと感じられるが，欧米でのその関心の高さは，想像以上である．例えば検索サイトでよく利用されている YAHOO の日本版とアメリカ版を比較すると，アメリカ版ではニュースの項目に "Climate Change" が特記されて存在している[4]．

　気候変動は，よく地球温暖化と混同されるが，概念としては地球誕生からの気温・雨量などの変化を取り扱うものであり，寒冷化も含めたより広い課題を取り扱うものである．ただし近年の気候変動は地球誕生以来の長い歴史から見ても急激なものとして認識されており，この原因は人間の経済活動の活発さに比例していると考えられている．また Ritchie and Roser [2022] を見ると，個人当たりのエネルギーの消費量は寒冷地帯を含む先進国で非常に高いことが示されている．

　このため現在先進国を中心に，現在経済活動を維持あるいは発展させながら，気候変動の幅を最小限にとどめる方策が種々検討されている．特に，循環型経済（Circular Economy：CE）・資源循環（Resource Circulation or Resources Recycling：RC or RR）とカーボンニュートラル（Carbon Neutral：CN）は，これを実現する抜本的基本方針として，その推進が強く求められている．これの結果として，SDGs はこれら 2 つの目標と密接に関係づけられ，各方面において省エネル

表16‑3　環境にかかわる目標とそのターゲット

目　標		ターゲット
6．安全な水とトイレを世界中に	6.5	2030年までに，国境を越えた適切な協力を含む，あらゆるレベルでの統合水資源管理を実施する．
	6.6	2020年までに，山地，森林，湿地，河川，帯水層，湖沼を含む水に関連する生態系の保護・回復を行う．
	6.a	2030年までに，集水，海水淡水化，水の効率的利用，排水処理，リサイクル・再利用技術を含む開発途上国における水と衛生分野での活動と計画を対象とした国際協力と能力構築支援を拡大する．
7．エネルギーをみんなに そしてクリーンに	7.2	2030年までに，世界のエネルギーミックスにおける再生可能エネルギーの割合を大幅に拡大させる．
	7.a	2030年までに，再生可能エネルギー，エネルギー効率及び先進的かつ環境負荷の低い化石燃料技術などのクリーンエネルギーの研究及び技術へのアクセスを促進するための国際協力を強化し，エネルギー関連インフラとクリーンエネルギー技術への投資を促進する．
9．産業と技術革新の基盤をつくろう	9.4	2030年までに，資源利用効率の向上とクリーン技術及び環境に配慮した技術・産業プロセスの導入拡大を通じたインフラ改良や産業改善により，持続可能性を向上させる．全ての国々は各国の能力に応じた取組を行う．
12．つくる責任・つかう責任	12.4	2020年までに，合意された国際的な枠組みに従い，製品ライフサイクルを通じ，環境上適正な化学物質や全ての廃棄物の管理を実現し，人の健康や環境への悪影響を最小化するため，化学物質や廃棄物の大気，水，土壌への放出を大幅に削減する．
13．気候変動に具体的な対策を	13.1	全ての国々において，気候関連災害や自然災害に対する強靱性（レジリエンス）及び適応の能力を強化する．
	13.2	気候変動対策を国別の政策，戦略及び計画に盛り込む．
	13.3	気候変動の緩和，適応，影響軽減及び早期警戒に関する教育，啓発，人的能力及び制度機能を改善する．
	13.a	重要な緩和行動の実施とその実施における透明性確保に関する開発途上国のニーズに対応するため，2020年までにあらゆる供給源から年間1,000億ドルを共同で動員するという，UNFCCC の先進締約国によるコミットメントを実施するとともに，可能な限り速やかに資本を投入して緑の気候基金を本格始動させる．
	13.b	後発開発途上国及び小島嶼開発途上国において，女性や青年，地方及び社会的に疎外されたコミュニティに焦点を当てることを含め，気候変動関連の効果的な計画策定と管理のための能力を向上するメカニズムを推進する．

14. 海の豊かさを守ろう	14.1	2025年までに，海洋ごみや富栄養化を含む，特に陸上活動による汚染など，あらゆる種類の海洋汚染を防止し，大幅に削減する．
	14.2	2020年までに，海洋及び沿岸の生態系に関する重大な悪影響を回避するため，強靱性（レジリエンス）の強化などによる持続的な管理と保護を行い，健全で生産的な海洋を実現するため，海洋及び沿岸の生態系の回復のための取組を行う．
	14.3	あらゆるレベルでの科学的協力の促進などを通じて，海洋酸性化の影響を最小限化し，対処する．
	14.4	水産資源を，実現可能な最短期間で少なくとも各資源の生物学的特性によって定められる最大持続生産量のレベルまで回復させるため，2020年までに，漁獲を効果的に規制し，過剰漁業や違法・無報告・無規制（IUU）漁業及び破壊的な漁業慣行を終了し，科学的な管理計画を実施する．
	14.5	2020年までに，国内法及び国際法に則り，最大限入手可能な科学情報に基づいて，少なくとも沿岸域及び海域の10パーセントを保全する．
	14.6	開発途上国及び後発開発途上国に対する適切かつ効果的な，特別かつ異なる待遇が，世界貿易機関（WTO）漁業補助金交渉の不可分の要素であるべきことを認識した上で，2020年までに，過剰漁獲能力や過剰漁獲につながる漁業補助金を禁止し，違法・無報告・無規制（IUU）漁業につながる補助金を撤廃し，同様の新たな補助金の導入を抑制する．
	14.7	2030年までに，漁業，水産養殖及び観光の持続可能な管理などを通じ，小島嶼開発途上国及び後発開発途上国の海洋資源の持続的な利用による経済的便益を増大させる．
	14.a	海洋の健全性の改善と，開発途上国，特に小島嶼開発途上国および後発開発途上国の開発における海洋生物多様性の寄与向上のために，海洋技術の移転に関するユネスコ政府間海洋学委員会の基準・ガイドラインを勘案しつつ，科学的知識の増進，研究能力の向上，及び海洋技術の移転を行う．
	14.b	小規模・沿岸零細漁業者に対し，海洋資源及び市場へのアクセスを提供する．
	14.c	「我々の求める未来」のパラ158において想起されるとおり，海洋及び海洋資源の保全及び持続可能な利用のための法的枠組みを規定する海洋法に関する国際連合条約（UNCLOS）に反映されている国際法を実施することにより，海洋及び海洋資源の保全及び持続可能な利用を強化する．

15. 陸の豊かさも守ろう	15.1	2020年までに，国際協定の下での義務に則って，森林，湿地，山地及び乾燥地をはじめとする陸域生態系と内陸淡水生態系及びそれらのサービスの保全，回復及び持続可能な利用を確保する．
	15.2	2020年までに，あらゆる種類の森林の持続可能な経営の実施を促進し，森林減少を阻止し，劣化した森林を回復し，世界全体で新規植林及び再植林を大幅に増加させる．
	15.3	2030年までに，砂漠化に対処し，砂漠化，干ばつ及び洪水の影響を受けた土地などの劣化した土地と土壌を回復し，土地劣化に荷担しない世界の達成に尽力する．
	15.4	2030年までに持続可能な開発に不可欠な便益をもたらす山地生態系の能力を強化するため，生物多様性を含む山地生態系の保全を確実に行う．
	15.5	自然生息地の劣化を抑制し，生物多様性の損失を阻止し，2020年までに絶滅危惧種を保護し，また絶滅防止するための緊急かつ意味のある対策を講じる．
	15.6	国際合意に基づき，遺伝資源の利用から生ずる利益の公正かつ衡平な配分を推進するとともに，遺伝資源への適切なアクセスを推進する．
	15.7	保護の対象となっている動植物種の密猟及び違法取引を撲滅するための緊急対策を講じるとともに，違法な野生生物製品の需要と供給の両面に対処する．
	15.8	2020年までに，外来種の侵入を防止するとともに，これらの種による陸域・海洋生態系への影響を大幅に減少させるための対策を導入し，さらに優先種の駆除または根絶を行う．
	15.9	2020年までに，生態系と生物多様性の価値を，国や地方の計画策定，開発プロセス及び貧困削減のための戦略及び会計に組み込む．
	15.a	生物多様性と生態系の保全と持続的な利用のために，あらゆる資金源からの資金の動員及び大幅な増額を行う．
	15.b	保全や再植林を含む持続可能な森林経営を推進するため，あらゆるレベルのあらゆる供給源から，持続可能な森林経営のための資金の調達と開発途上国への十分なインセンティブ付与のための相当量の資源を動員する．
	15.c	持続的な生計機会を追求するために地域コミュニティの能力向上を図る等，保護種の密猟及び違法な取引に対処するための努力に対する世界的な支援を強化する．

（注）　算用数字のターゲットは各目標の具体的な課題の達成を示し，アルファベットのターゲットはこれら課題の達成を実現するための手段や措置について示されている．

（出所）　国際連合広報センターHP.

ギーとともに再生可能エネルギーの新たな開発と限りある非再生可能資源の循環化に向けた研究開発活動が行われている.

第3節　化学産業と CR/RC と CN

　種々の産業の中でも化学産業は化石燃料である石油を原材料とすることが多く, その活動は直截的に化石資源の枯渇や二酸化炭素の排出と関わっている. またその中でもプラスチックは, 増大する廃棄プラスチック量や海ごみ・マイクロプラスチック問題もあり, 関心の高い課題分野である. 図16‐1は石油採掘から精製→化学原材料製造→プラスチック製造→使用→廃棄に至る過程を示したものである.

　これまで使用済みのプラスチックは, 廃棄後は焼却されエネルギーを得るサーマルリサイクル (英語では Energy Recovery：ER) で処理をされてきた. CR/RC を実現するためには, ケミカルリサイクル (Chemical Recycle：CR) により石油精製あるいは化学原材料プロセスに戻すか, もしくはマテリアルリサイクル (Material Recycle：MR) により再製品化することが求められている.

　日本のプラスチックのリサイクル率は80％以上と, 非常に高いことが知られている. しかしその実情は図16‐1に示すようにほとんどが ER であり, CR はコスト的な課題から, MR は物性的な課題から20年以上停滞している. 研究の観点から言えば, 今後 CR のコストダウン技術並びに高付加価値品を生産できる MR プロセスの開発が必要とされる. また一方でこのサイクルに使用者として参加している我々は, 使用中ならびに廃棄の際にリサイクルを考慮した行動をとることが求められる. 専門的に言えばプラスチックという名称は, 種々の熱可塑性高分子の総称であり, 例えば金属という呼び方と同一である. 金属においては, 鉄, 銅, アルミなどを可能な限り分別することが当たり前となっている. プラスチックもポリエチレン, ポリプロピレン, ポリスチレン, PET などは各々全く異なる物性を持つ材料であり, 混合して廃棄するとリサイクルできないものとなる. SDGs が個人の行動に支えられている例がここにも存在しているといえる.

　しかし, 図16‐1でさらに考えなければならないのは, それぞれの製品に消

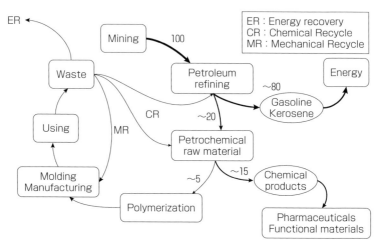

図16 - 1　プラスチックを例とした資源の流れ

費される石油の比率である．図中矢印の大きさは，その製品に使用されている
石油の量をシンボル的に示したものであるが，実は採掘量の約80％がガソリン
などのエネルギーとして消費されている．また医薬などの化学製品としては20
％弱が消費され，プラスチックとなる石油量は5％以下である．プラスチック
は製品として残留するために，化石燃料の消費物として非常に目立つ．そのた
めに，化石燃料の枯渇を遅らせるためには，プラスチックの製造あるいは使用
を削減することが重要であるとされているが，実はプラスチック製造を50％削
減しても，全石油消費の2.5％低減することにしかつながらない．一方でガソ
リン使用料を5％削減するだけで，全プラスチックの削減したのとほぼ同じ量
の石油を使わずに済む計算となる．さらに，エネルギーとして使われた場合に
は，熱と二酸化炭素を生み出してその存在は消失するのに対し，プラスチック
の場合には，ある意味，炭素固定資源として，再利用することが可能である．
気候変動の観点からも，過剰なエネルギー消費を解決することにより，より良
い循環を維持できることになる．
　また，どのようにエネルギーの生産量・消費量を削減しても，化石資源から
のエネルギー生産はCNの観点からも大きな課題である．この課題を解決する
ためには，図16 - 2に示すように，エネルギー源を大きく再生可能なものにシ

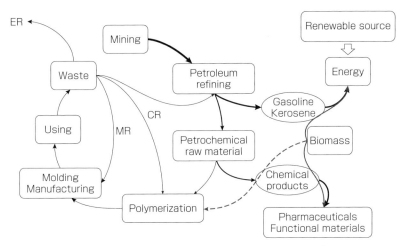

図16-2　再生可能エネルギーにシフト後の資源の流れ

フトすることが必要である．現在太陽光発電や風力発電などが各所で取組まれ
ているのは，このような背景があるからである．

　しかし，このようなシフトを行うと，石油精製から化学製品原材料までの生
産ルートが消失することを意味している．プラスチックは我々がよく目にする
容器包装用途だけでなく，電線や上下水道管，ガス管など，ライフラインを支
えている素材である．また，2050年にかけてのプラスチックの需要量を予想し
たものであるが，発展途上国がこれから都市インフラの整備などを行うために
必要とする量を考慮すると，プラスチックは2020年と比較して，さらに4倍以
上の需要があるとされている［Ryan 2015］．このような観点からも，今現在あ
るプラスチックのロスを少なく使用し続けることが非常に重要であることがわ
かる．もちろん図にも示しているように，バイオマスの有効利用も重要である．
しかし2020年段階でバイオマスプラスチックの生産量は全生産量の2%弱であ
る．またあくまでも試算ではあるが，全地球上のあらゆるトウモロコシをプラ
スチックに転用した場合でも，その生産量は10%程度と見込まれる．現状，さ
らに将来にわたるプラスチックの需要を満足するために，原料となるバイオマ
スの生産量を増やすことは，おそらく生物多様性の原理に反する行為であり，
その観点から SDGs に合致しなくなる．総合的に，何が最もバランスがとれる

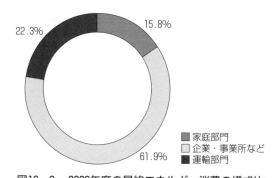

図16-3　2020年度の最終エネルギー消費の構成比
（出所）『令和3年度エネルギーに関する年次報告（エネルギー
白書2022）』「第2部 エネルギー動向第1章 国内エネル
ギー動向」(https://www.enecho.meti.go.jp/about/
whitepaper/2022/pdf/) より筆者作成.

凡例：
■ 家庭部門
□ 企業・事業所など
■ 運輸部門

15.8%
22.3%
61.9%

ようになるか，判断できる視野を持つことが重要となる．

第4節　おわりに

　初めに述べたように，気候変動・環境問題はSDGsにより，本格的に国際的に取組まれるようになった．またこれらの課題はエネルギーを大量に消費する先進国がより深い責任を持つ．また図16-3からも一般家庭で消費するエネルギー量が，産業生産で使用するエネルギー量の1/4程度と統計的に無視できない量であることも示されている．その意味で，SDGsは我々の個人的な生活様式を深くかかわっている．このような観点から，我々はSDGsの意味するところを身近に感じて行動することが重要である．しかし一方で，SDGsの前身がMDGsであり，その目的が発展途上国の生活レベルの向上にあるということも十分に認識すると，その達成すべき目標値を先進国が自分たちの生活レベルに応じていたずらに上げることは，発展途上国に対して無理難題を押し付けることにもつながる行為であることも認識すべきである．まず我々が，個人的に何ができるのか？　──些細なことから考え，修正すべき点は正すことから始めるのが重要である．

注

1）https://www.mofa.go.jp/mofaj/gaiko/oda/sdgs/effort/index.html
2）https://www.unic.or.jp/files/e530aa2b8e54dca3f48fd84004cf8297.pdf
3）https://www.mofa.go.jp/mofaj/gaiko/oda/sdgs/effort/index.html
4）https://www.yahoo.com/news/tagged/climate-change/

参考文献

Ritchie, H. and Roser, M.［2022］"Energy Production and Consumption HomeEnergyProduction & Consumption"（https://ourworldindata.org/energy-production-consumption, 2022年11月3日閲覧）.

Ryan, P. G.［2015］"A Brief History of Marine Litter Research," in M. Bergmann, L. Gutow and M. Klages eds., *Marine Anthropogenic Litter*, Berlin Springer.

第17章

カーボンニュートラル教育

第1節　はじめに

　この章では，カーボンニュートラルを浸透させるための教育のあり方について考察する．これまでの各章ですでに学んできたように，カーボンニュートラルについて考えていくうえでは，エネルギー問題について科学的に考えることはもとより，気象や環境，経済，国際政治，などのさまざまな分野にわたって広く考えることが必要となってくる．このような，自然科学やテクノロジーの問題でもありながら，同時に我々の社会と大きく関わっているような問題は，「トランス・サイエンス」の問題と言われる．さて，それでは，トランス・サイエンスとは具体的にはどのような問題なのだろうか．そしてまた，トランス・サイエンスについて我々が十分に考えていけるようになるためには，どのような教育が求められるのだろうか．

　本章では，トランス・サイエンスとしてのカーボンニュートラルの特徴を確認した上で，こうした課題に取組んでいくための教育のあり方について議論を進める．しかし本格的な議論に入る前に，まずは導入として1つの神話を紹介したい．これから展開する議論を理解していく上で，きっとこの神話が寓意する内容が重要な導きの糸となってくれるだろう．

第2節　プロメテウスの火

　ここで紹介するのは，「プロメテウスの火」として知られるギリシア神話である．頭に残る印象的なストーリーなので，おそらく聞いたことがあるという方も多いかもしれない．「プロメテウスの火」とは，おおよそ次のような物語

186

である［須長 2018：122-124］[1]．

それは遠い昔，神々が大地に生き物たちをつくったときの話である．プロメテウスとエピメテウスという兄弟神が，地上に創られたさまざまな生き物たちに，それぞれの生き物たちが絶滅せずに生きていけるよう，それぞれに固有の能力を割り当てることになった．

弟のエピメテウス（「エピメテウス」という名前は「後で考慮する」という意味．一方，兄の「プロメテウス」は「あらかじめ考慮する」という意味）は，兄のプロメテウスに頼み込んで，さまざまな生き物たちへの能力の割り当て作業を自分1人でやらせてもらうことになった．

エピメテウスは，ある動物には強い武器を与え，武器のない生き物には速さや翼や高い繁殖力を与え，そうやって全ての生き物たちが絶滅してしまわないようにバランスをとって工夫を凝らした．ところがエピメテウスは，まだ人間に能力を与えるまえに，全ての能力を他の生き物たちに与え尽くしてしまったのだ．そのため，与えるべき能力はすでに残っておらず，人間だけがなんの武器もなく，裸のままとなっていた．それを知ったプロメテウスは，神々のもとから火（ここでいう「火」は単なる火のことではなく，広く「技術」や「知識」を意味すると解釈される）と，それを使う知恵を盗み出し，それらを人間に贈ったのだ．

プロメテウスの献身のおかげで，人間は滅びることなく生きていくことができるようになった．しかし当のプロメテウスは，神々から火を盗んだ罰として，山頂に縛り付けられて鷲に肝臓を食べられる，という罰を受けることとなった．

さて，以上が「プロメテウスの火」として知られている物語である．この物語は一般的には，人間が他の生物とは違って，知識や技術を持っている特別な生き物であることの由来に関する神話として理解されている．しかし，あまり知られていないが，古代ギリシア時代に生きた哲学者プラトンが，『プロタゴラス』という著作［プラトン 2010：59-63］の中で，この物語に関する次のようなたいへん興味深い続きのストーリーを描いている．

プロメテウスが盗もうとしたのは，実は技術と知識だけではなかった．彼は他にも「政治の知恵」（ここで言う「政治」とは，政治学に関する知識ということではなく，もっと広く一般的な，「集団でまとまり，話し合い，どうすべきか決めていくための知恵」であると考えられている）を盗もうとしていたのだ．しかしそれは「力の女

神」と「暴力の女神」という恐ろしい2人の女神によって守られており，プロメテウスはこれを盗み出すことを諦めざるを得なかった．その結果，人間は技術と知識は持ったものの，「政治の知恵」を持つことができなかったために，せっかく手にした技術と知識を武器としてお互いに傷つけ合い，集団になるたびに諍いや衝突を起こすようになり，結局は滅亡に向かっていってしまったというのだ．

　以上が，プラトンによる「プロメテウスの火」の続きの部分である$^{2)}$．プラトンによるこの「続き」の部分は，たいへん印象的な内容になっている．というのもプラトンは，私達人間は確かに知識や技術を手にしてはいるものの，それらだけでは我々は諍いや衝突を避けることができない，ということを示唆し，警鐘を鳴らしているからである．

　知識や技術は，確かに我々人間が生きていく上で欠かせないものであり，我々が自分たちの生存圏を守っていくための重要な武器となる．これらなくして，確かに我々は生活を続けていくことはできない．しかしながら，少し大げさに言えば，他ならぬその知識や技術が，我々の生存を脅かし，社会を争いに巻き込む恐れがあるという矛盾を，おそらくプラトンはすでに二千年以上も前に見抜いていたのだろう．そして実際，カーボンニュートラルに関する問題は，我々自身の知識や技術によって生みだされた問題であり，今後の我々の生存を脅かす大きな危険性を孕んでいる．そして，この問題への対処を誤れば，社会のなかに分断や衝突などの大きな争いをもたらされる恐れも大いにある．

　残念なことにプラトンによると，「政治の知恵」，つまり，知識や技術を活かすための全体的な視点や，問題解決に向けた協力的な姿勢の基盤となる話し合いのスキルを，プロメテウスは我々人間に贈ることができなかった．したがって，もしプラトンが正しければ，カーボンニュートラルを巡る問題を解決する能力を我々は生得的に持っているというわけではない，ということになる．だとすれば，私達はこうした能力を，「カーボンニュートラル教育」を通じて自分たち自身で学び，身につけて行くしかない．

第3節　「トランス・サイエンス」の問題

　これまでの章で既に学んできたような，カーボンニュートラルに関するさまざまな課題は，科学技術と社会に複合的に関わるような領域にあると言える．このような領域のことを，アメリカの核物理学者であるアルヴィン・ワインバーグ（Alwin Weinberg）は「トランス・サイエンス」と呼んだ［Weinberg 1972 : 209］．

　ワインバーグが「トランス・サイエンス」という概念を特徴化した1970年代は，原子力発電技術などを筆頭に，科学技術のさまざまな革新が，社会のあり方を変えながら浸透しつつあった時代であった（日本でも公害が激化したのがこの時代である）．そうした時代状況を踏まえ，ワインバーグは「トランス・サイエンス」を，「科学によって問うことはできるが，科学によって答えることはできない」領域として定式化している．具体的な例として，例えばある原子力発電所の故障や事故について考えてみよう．この場合，「その発電所が津波によって安全上重要な機能を失った場合に深刻な損害が生じるかどうか」という問いは，科学によって答えることができる問いであり，トランス・サイエンスの領域にある問いではない．この問いに対しては，専門家の意見はほぼ間違いなく，「深刻な損害が生じる」という結論で一致し，それが回答となるはずである［小林 2007 : 124］．

　しかし，実際にそうした津波が起こる可能性が低いと考えられたとき，その確率を無視するのか，あるいは，被害の大きさを考慮して費用を投じて対策を講じるべきなのか，と言った問いになると，今度はこの問いに科学が完全な回答を出すことはできなくなってくる．というのも，どの程度の確率ならば十分に低くて安全だと考えられるのか，また，どのような大きさの被害ならば対策を講じるべきなのか，はその社会に住まう人々の価値観が判断要素として関わってくるからだ．また，それぞれの人々はどのような立場にいるのか，そしてどのような利害関係をもっているかによって，価値判断も異なってくるし，さらにそうした相互に異なる価値判断を調整しようとすると，問題は社会性，政治性を帯びたものになってくる．

　これまで学んできたことから分かるように，カーボンニュートラルに関する諸問題も，まさにこうしたタイプの問題であり，トランス・サイエンスの領域にまたがって位置している．例えば温室効果ガスがどの程度排出されているのか，また排出活動量の割合はどうなっているのか，再エネ技術のエネルギー効率はどうなっているか，といった問題は事実に関する問いであり，科学で答えることができる問題と言える．しかし一方で，例えば温室効果ガスの排出活動を我々がどの程度抑制していくか，どのようなタイムスパンを計画して抑制していくか，といった問題について考える場合，エネルギー科学や技術についての科学的な知識は必要ではあるものの，それだけで明確な回答を提示することはできない．これらの問題は科学技術に関する知識に限らず，社会，倫理，経済等の関連する諸領域についての知識を総動員しながら考えていかなければならない類いのものであり，さらには例えば先進国や新興国，途上国といった異なる立場の国々の異なる利害関係を調整して解決に向けて取組まなければならない国際的，政治的な問題でもある．

　このように，トランス・サイエンスの問題とは，さまざまな領域がからんだ複合的な問題圏からなっている．では，そのような複雑なトランス・サイエンスの問題に対して，どのようなアプローチが目指されるべきなのだろうか．ワインバーグは，トランス・サイエンスの問題に対して専門家が何をすべきかについて，どこまでが専門家として科学技術として解決できる問題なのか，そしてどこからは科学技術では解決できない問題なのか，その境界線を示すことが必要だと述べている．しかし，境界線の内側の問題に専門家が回答を与えると，境界線から先に残る問題については，専門家だけが関わるものではなくなる．科学技術だけでは解けない問題については，専門家だけでなく，利害関係者や市民も交えて，民主的な話し合いによって合意形成を目指すべきだ，というのがワインバーグの考えである．こうした解決の道筋を，さきほどの「プロメテウスの火」の神話に沿って表現するならば，トランス・サイエンスの問題に対しては，「政治の知恵」を用いた話し合いによって解決を目指す必要があるのである．トランス・サイエンスの問題は，社会の価値に関わる問題だからこそ，その回答を専門家だけに委ねてしまうわけにはいかない．

第4節　科学コミュニケーション

　ところで，トランス・サイエンスの問題に対して科学技術の専門家がすべきことが，科学だけで解決できる問題とそうではない問題の境界線の設定だとしたら，そこから先の民主的な話し合いにおいては，誰が，どのようなことをすべきなのだろうか．

　求められる「専門家と市民の話し合い」は，そう簡単なものではない．カーボンニュートラルについて議論していく上では，もちろんエネルギー技術や気候変動などに関して正しい知識を持っていることが前提になってくる．これらの知識のないまま議論を行ったところで，おそらく議論は平行線をたどるか，あるいは衝突に終わって不毛化する可能性が高いことだろう．しかし，カーボンニュートラルのように，世界規模，地球規模での協力が求められるような問題においては，意見や立場の違いを「人それぞれ」で済ませてしまうわけにはいかない．立場の違いや認識の違いを超えて，なんらかの合意を形成しないと問題の解決にはつながらないからである．したがって，専門家ではない一般市民も，カーボンニュートラルに関する基礎的な科学的知識については，どうしても学んでもらう必要がある．

　このように，トランス・サイエンスの問題に対してアプローチする上では，その前提として科学リテラシーの育成が課題になってくる．では，その育成はどのように行えばよいのだろうか．実は，科学技術に関する知識を広く市民に共有してもらうための科学リテラシー増進のための活動は「科学コミュニケーション」と呼ばれ，1990年代あたりから国家レベルで組織的に行われている．日本でも科学技術コミュニケーションの普及や推進は行われており，徐々に浸透を見せている．

　ちなみに科学技術コミュニケーションとは，知識を持たない市民に対し，専門家が一方的に専門知識を注入することではない．知識を持たない状況を「空の器」，知識をその器にそそぐ「液体」のように捉えて，「空の器に液体を注げば正しい理解が得られる」と見なすような考え方は「欠如モデル」と呼ばれており，現在ではすでに，この欠如モデルに基づいたやり方では，かならずしも

十分な科学リテラシーを提供することはできない，との批判がなされている．我々人間は，さまざまな文脈の中に生きており，その文脈の中ですでにさまざまな知識を持ち，それらを活用しながら生活している．そうした我々の文脈や，すでに我々のなかに先行して根ざしている知識体系を無視して，すべての人に同じ知識を注ぎ込んだところで，注がれた知識はあふれたりこぼれたりしてしまう可能性は少なくないだろう．というのも，知識は誰もがそれを受け止めて理解できる中立的なものであるというよりは，文脈や，既存の知識体系と親和性が高く速やかに浸透することもあれば，場合によっては既存の知識体系と不協和を起こしてはじきあったりするような，相性や極性を持っているからである[3]．

　「欠如モデル」に変わる科学リテラシーの育成のあり方は，「文脈モデル」と呼ばれている．文脈モデルでは，必要な科学的リテラシーは，各自の文脈に応じたやり方で提供されることが望ましいとされている．つまり，さまざまな空の器に一様の液体を注ぐようなやり方でではなく，それぞれの器にすでに含まれている液体とうまく混じり合って定着するような形でリテラシーを提供していくことが期待されるのである．だとすると，リテラシーを提供する側も，相手の持っている文脈を理解することが求められることになる．したがって，カーボンニュートラル教育も，教育を受ける側がどのような文脈を持っているか，について敏感でなければならないだろう．

　また，リテラシーの提供は，① 提供される相手がそれに興味を持つこと，② 理解できる知識を持つこと，③ 議論できる能力を持つこと，の少なくとも３段階に分けられるとされている［藤垣 2008：iv-v］．これを踏まえるならば，カーボンニュートラルの教育は，まずはそれを学ぶ人々に興味関心を持ってもらえるような導入を設け，次に，彼らの個々の文脈を理解した上で，それらの文脈に沿った形で知識を提供し，さらに，それらの知識を踏まえて議論できるような場を設計する，といった階層的なものであることが望ましい．

第5節　「文脈モデル」で学ぶ必要性

　カーボンニュートラル問題は複数の領域にまたがる．したがって，これまで

の議論を踏まえると，カーボンニュートラル教育は，教育を受ける側がすでに
関心を持っている領域や，彼らが当事者として関わるような領域を入り口とし，
徐々に関心を育て，関連する領域の近隣領域編と関心を広げながら，それらの
文脈に沿った知識を育てていくようなものであることが必要になるだろう．

　なお，本テキストは，まさにそうした教育を実践できるような構成になって
おり，さまざまな学習者にとって，それぞれ適切なカーボンニュートラル教育
の入り口となりうる多様な切り口が用意されている．地球圏科学や地学，エネ
ルギー技術，経営学，教育学，などの学術領域からのアプローチや，国際間比
較によるグローバルな視点，福岡大学からのローカルな視点など，さまざまな
関心からカーボンニュートラルへの関心と知識を広げることができるように
なっているので，学習者が自身の関心や文脈に沿って自由に学んでいくような
学び方や使い方が可能である．

　このように，カーボンニュートラルに関して興味を持ち，知識を持つことで
リテラシーを育むためのルートは，画一的であったり固定的であったりするも
のではないことが望ましい．「文脈モデル」に沿って考えるならば，さまざま
な入り口やきっかけからそれぞれの問題圏にアプローチできるような構成であ
ることが，カーボンニュートラルについて学んでいく上では重要だからである．
網の目のようにリンクした問題群について，それらのつながりを意識しながら
学びを進めることは，学んだ内容の意味や意義をさまざまに異なる領域や角度
から捉え直す機会となる．こうして問題を多層的，重層的に把握し直すことを
通じて，理解や定着がさらに深まるはずである．

　このようなアプローチによる関心や知識の育成を踏まえ，最終的には「議論
できる能力を育む」ことも科学技術コミュニケーションのミッションである．
最後に，そのような能力をどのようにして育んでいけばよいか，について考え
てみよう．

第6節　望ましいカーボンニュートラル教育のあり方

　カーボンニュートラル教育においては，最終的には学習者たちが，それぞれ
が学んだ内容をすり合わせながら，何らかの合意形成にまで到達できるように

なることが求められる．さまざまな知識，そして，さまざまに異なる立場や利害関係をすりあわせながら合意形成にいたるための話し合いの能力は，おそらくプラトンが「政治の知恵」と呼んだ話し合いのための技術に他ならないだろう．そして実はもう1つ，この能力は「教養」と呼ばれることもある．

　「教養」という言葉自体は我々にとって馴じみ深いものである．「教養」の捉え方や理解の仕方は一様ではなく，こうでなければならないという唯一の定義があるわけではないが，ここでは18世紀の市民社会論を踏まえて議論を展開した哲学者の清水［2010：19-36］が捉えた教養概念を紹介しよう．清水は，教養の本質を秩序の異なる領域を統合する能力に求めている．清水によれば，教養とはもともと18世紀に市民社会の誕生とともに生まれた「公共圏」，「私生活圏」など，複数の相容れない秩序をもった領域に対して，これらに交通整理を施し，矛盾や齟齬を調停していくうえで必要とされた能力であるという．

　清水が特徴化した「教養」を，カーボンニュートラル問題に即して少し広く解釈するならば，例えば日本の立場，新興国や途上国の立場，次世代を生きる若者の立場，電力会社やエネルギー関連企業の立場，等など，利害やステータスを異にするさまざまな立場において生じる違いや衝突を調停し，これらを全体として捉えて矛盾を解消しようとする能力も，「教養」だと捉えることができるだろう．

　さて，「教養」をこのように捉えたときに注目されるのは，「教養」とは単なる知識のパッケージではないということである．「教養」において知識はノードとして重要な要素ではあるものの，「教養」の本質はむしろそれらのノードを結びつけようとする営みや動きの方にある．ただ残念ながら，教養概念が生まれてから200年以上が経ちながらも，そしてこれまでの時代の流れの中で常に「教養」は求められ続けてきたにも関わらず，我々がこれをどう身につけるかについての確固とした教育法が未だ確立していないことを踏まえるならば，「教養」を手っ取り早く身につけようとすることはおそらく断念せざるを得ない．だとすると，さまざまに異なる相手の視点と自分の視点とを常に行きつ戻りしながら全体を調停しようと精力的に動き続けるような姿勢を学習者にどう身につけさせるか，という教育上の問題は，そういう姿勢が求められたり試されたりするような話し合いの実践を，学習者にいかにして経験させていくか，

という場のデザインや提供の問題となる.

　さて，このように考えると，カーボンニュートラル教育においては，さまざまな知識を学んだ後で，それらの知識を用いて実際に話し合いを行うようなアクティブ・ラーニング型の教育の要素をいかに組み込むかが重要になってくる. そして，そこで行われる話し合いは，異なる立場の相手の主張を論理的に批判していくようなディベート的なものであるよりは，相手の議論の奥にある背景や文脈をできる限りくみ取ろうとしつつ，両者がともに合意できるような調停的，あるいは創造的な第三案を模索していくような議論でなければならないだろう. 以上を踏まえると，さまざまな入り口やきっかけからそれぞれの問題圏にアプローチできるような構成によって，それぞれの学習者の文脈に沿った関心と科学リテラシーを育成し，そうした知識を踏まえて学習者が調停的な第三案を紡ぎ出すための機会を提供するような議論の場を設計し，定期的に提供していくことが，カーボンニュートラル教育の望ましい姿の1つだと言える.

第7節　おわりに

　カーボンニュートラル教育が担う使命は大きい. テキストの各章からも分かるように，カーボンニュートラル教育の成否は，次代を生きる人々の社会と生活に大きく関わっているからである. やや大げさな言い方になるが，カーボンニュートラル教育が担う使命は，プロメテウスが人間たちに贈りそびれてしまった「政治の知恵」を次代に生きる人々に贈ることだ，と表現することもできるだろう. 総合知を駆使してのカーボンニュートラル教育の展開が，今，求められている.

注
　1）　同様の神話の紹介は，須長［2018］でも行われている.
　2）　ただし，実際には『プロタゴラス』ではこの神話にはさらに続きもあり，辛くも人間は滅亡を免れている. どのように免れたのか，気になる読者はご自身で『プロタゴラス』をぜひ読んでみてもらいたい.
　3）　例えば社会心理学者のレオン・フェスティンガー（Leon Festinger）は，我々が相互に矛盾するような認知を持った状態を「認知的不協和」と呼び，そうした状態にお

いては，我々は不協和を低減しようと試みる，という議論を展開している［フェス
ティンガー 1965：3］．フェスティンガーが正しければ，学習者がこれから学ぼうとし
ている知識が，すでに持っているさまざまな認知と「認知的不協和」を来すような知
識である場合，それが学習者の認知の中で正しく効率的に定着することを期待するこ
とは難しい．

参考文献

〈邦文献〉

小林傳司［2007］『トランス・サイエンスの時代―科学技術と社会をつなぐ』NTT 出版．

清水真木［2010］『これが「教養」だ』新潮社〔新潮新書〕．

須長一幸［2018］「第11章 話し合う技術の必要性」，植上一希・寺崎里水編『わかる・役
　　　立つ 教育学入門』大月書店．

フェスティンガー，L.［1965］『認知的不協和の理論 社会心理学序説』誠信書房．

藤垣裕子・廣野喜幸編［2008］『科学コミュニケーション論』東京大学出版会．

プラトン［2010］『プロタゴラス』光文社〔光文社文庫〕．

〈英文献〉

Weinberg, A. M.［1972］"Science and Trans-Science", *Minerva*, 10(2).

福岡大学における SDGs 取組み事例

第1節　は じ め に

　第16章ではSDGsの詳細を述べた．本章では，福岡大学においても一気に全ては難しいが，SDGsを1つ1つ確実に理解を進めている．同時に，知識の習得だけでなく，それを具体的な行動に変えてこそ，初めて大きな意味を持つ．本書はSDGsの中の重要なテーマの1つであるカーボンニュートラルに関する内容をまとめたものであり，その「部分」を「全体」として俯瞰する目的で構成された．しかし，人材育成の観点からは，優れた人材とは，単なる知識だけでなく，実際に判断，行動ができ，さらには人格の向上が両立してこそ意味をなす．我々の未来を考える，困った人に寄り添う，そういう暖かい気持ちと高度な知識が結びついてこそ，大きな変革の流れを引き起こせると確信する．本章では，福岡大学において，SDGsをどのように捉え，さらにその枠組みの中でどのような行動を具体的にしているのか？　を紹介するものである．具体的には福岡大学の学生の意識調査，SDGsを体感する教育例，さらにはウクライナ学生の受入れなどを紹介する．このような取組みの中から福岡大学以外の読者も何等かの共感，取組みのヒントを得てもらえれば幸いである．

第2節　福岡大学におけるカーボンニュートラル，SDGsの意識調査

　福岡大学がカーボンニュートラルを達成するためには，どのようなことに取組まなければいけないのかを検討するために，福岡大学の学生のカーボンニュートラルに対する行動状況や，どの程度カーボンニュートラルについて理解しているのかをアンケートによって調査した．その結果を以下にまとめる．

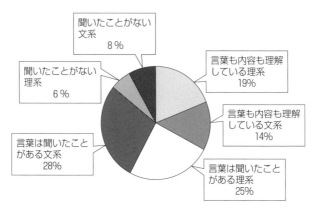

図18 - 1　学部間のカーボンニュートラルの認知度

図18 - 2　カーボンニュートラルを耳にした場所

　図18 - 1は学部間のカーボンニュートラルの認知度を表している．文系と理系でも認知の差が少しあるが，文系の学生も理系の学生も大半がカーボンニュートラルについてよく理解していない学生が多いということがわかった．また，図18 - 2はカーボンニュートラルを耳にした場所を調査した結果である．SDGsの認知度を調べた時に，約86.6％の学生が「SDGsという言葉を知っており，意味も理解している」と回答しており，福岡大学の学生におけるSDGsの認知度は高く，また耳にした場所の内，「その他」と回答した学生に具体的な場所を回答してもらうと約93.8％の学生が「学校」でSDGsを習ったということがわかった．したがって，図18 - 2の「その他」と回答した学生は主に学校で耳にしたことがあるのではないかと推測できる．しかし，全体の10％と少

図18‒3　福岡大学で無駄な電力の消費を見たことがある人の内，何
かしら対策をしたことがある人，したことがない人の割合

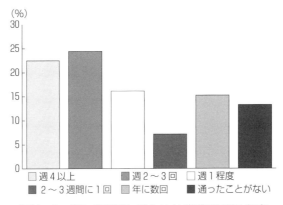

図18‒4　暗い時間帯に学内および周辺を通る頻度

ないので，学校ではあまりカーボンニュートラルについて教えていないのでは
ないかと考える．図18‒3は福岡大学で無駄な電力消費を見たことがある人の
内，何かしらの対策をしたことがある人，したことがない人の割合である．こ
の結果から，福岡大学の学生は無駄な電力を消費している場所があると感じつ
つも行動に移している人は少ないことがわかった．また，無駄な電力を消費し
ている具体的な場所として A 棟が一番多く上げられた．図18‒4では，SDGs
の目標11である「住み続けられるまちづくりを」を達成するために，まずはど
の程度暗い時間帯に学内や周辺を通るのかを調査し，その結果を表したもので
ある．そして，夜間，福岡大学の敷地内を通るときに不安を感じるか，感じな

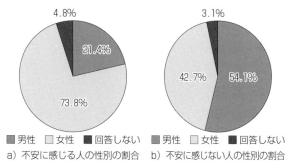

a) 不安に感じる人の性別の割合　　b) 不安に感じない人の性別の割合

■男性　□女性　■回答しない　　■男性　□女性　■回答しない

図18‒5　暗い場所で不安に感じている人，感じていない人における性別の内訳

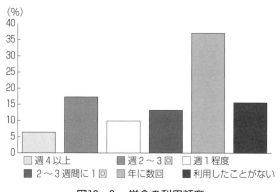

□週4以上　　■週2〜3回　　□週1程度
■2〜3週間に1回　■年に数回　■利用したことがない

図18‒6　学食の利用頻度

いかを調査した．

　その中でも性別の割合を表したものが**図18‒5**である．図を見ると不安を感じる場所があると回答したのは全体の14.3％で，その内，約73.8％の人が女性であった．また，不安を感じる場所はないと回答したのは全体の約85.7％で，あまり男女で差はなかった．**図18‒6**は，学食の利用頻度を表している．昼時の学食はとても並ぶイメージだったが，図を見ると，意外にも学生の学食利用頻度は少ないことがわかる．これは，福岡大学の学生の数が多いことが関係している．

　図18‒7は学生が，学食の1食の量についてどう思っているのかを「適量」，

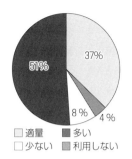

図18‒7　学食についての 1 食の量についての学生の感覚

「多い」「少ない」「利用しない」で回答してもらい，その結果を表したものである．学食を利用しない学生は全体の51％，利用する学生の内，適量と回答した学生は37％，多いと回答した学生は 4 ％，少ないと回答した学生は 8 ％であった．図18‒7 からも，やはり学食を利用しない学生が多いことがわかる．ここで，利用する学生のみで考えると，適量と回答した学生は75％，多いと回答した学生は 9 ％，少ないと回答した学生は17％であったことから，福岡大学では学食から出るフードロスは少ないのではないかと推測できる．しかし，「福岡大学の環境報告書2019」から学生系の飲食関係のゴミは可燃ゴミ全体50％を占めているという結果が出ている．

第 3 節　福岡大学における SDGs の具体的な取組み紹介

1　看護学科での取組み

　福岡大学医学部看護学科では，持続可能な開発目標（SDGs）について考えたり，行動できるきっかけを作ったりする取組みを，正課外活動として約 3 年前から独自で行っている．今や SDGs は聞き馴染みのある言葉となっているが，当時はまだあまり浸透していなかった．そこで，現在実施している 2 つの取組みについて，実際に運営を担当している看護学科の長谷川珠代先生，松本祐佳里先生，上野珠未先生から具体的な取組みを聞いた．

表18-1　SDGs オリエンテーリングスケジュール（令和4年度）

時　　間	カテゴリー	内　　容
9：00〜9：15		オリエンテーション
9：15〜10：15	①講演	SDGs 講演
10：20〜10：40		グループ自己紹介／名札作成
10：40〜12：00	②ゲーム	SDGs カードゲーム
12：00〜13：00		休憩
13：00〜13：30		大学施設紹介／SDGs クイズラリー説明
13：30〜14：30	③クイズ	SDGs クイズラリー
14：30〜15：30	③クイズ	グループディスカッション
15：30〜16：00		優秀賞の発表／まとめ

• 看護学科 SDGs オリエンテーリング（初年次教育）

　看護学科では，入学直後に行われる新入生向けオリエンテーションで，令和2年度から SDGs を題材として取り扱っている．これから看護専門職として学ぶ4年間で地域社会のさまざまな課題に気づき，1人1人が課題解決に向けた取組みを実践してほしいと考えており，看護学科における1つの共通視点として，持続可能な開発目標 SDGs を挙げている．そのためには，できるだけ早い段階で SDGs について正しい知識を持ち合わせることが重要である．また，自己学習ではなく，さまざまな意見や価値観を持った人と SDGs について学び，お互いの意見を共有することで，より1人1人が課題解決に向けた取組みを検討することができるのではということで，初年次教育に導入している．ついては，SDGs についてより深く学び，考えてもらうために，一般財団法人福岡 SDGs 協会にも協力いただき，令和4年度は表18-1のスケジュールに沿って進行している．

　主にカテゴリー①〜③を通して，SDGs について学んでいる．まず，① 講演では，有識者として一般財団法人福岡 SDGs 協会の方々を招き，「SDGs について」をテーマに講演いただいて，学生の SDGs の概要や考え方について知見を深めた．

　次に，② ゲームでは，一般社団法人イマココラボが展開しているカードゲーム「2030SDGs」を実施している．本ゲームは，現在から SDGs の期間である2030年までの道のりを見ていくものである．SDGs が我々の生活と，経済・環境・社会と深く結びついていることを可視化できる内容となっており，

写真18‐1　SDGs オリエンテーリングでの②カードゲーム，③クイズラリーの様子

「なぜ SDGs が私たちの世界に必要なのか」「SDGs に取り組むことで，どんな変化や可能性が広がるか」が理解・整理しやすく，身近な問題であることを認識できた学生が多くいた．そして最後の③クイズは，看護学科ならではの内容である．入学して間もない状況で，学内が広いこともあり，今後授業等で利用する施設の場所が把握できていない．そのため，学内探索も兼ねて，学生がよく利用する場所をチェックポイントとして17カ所設け，看護学科の在学生が各場所で SDGs の17の目標に関連したクイズを出題する．グループメンバーとともに学内を回り，時間内にできるだけたくさんのクイズに正解し，ポイントを取得することを目指すものである．また，その後のグループディスカッションで，これまでの①～③を通して自分が感じたこと，やってみようと思うことを自由に議論する．その中で，SDGs の17の目標達成のために取組めることは，普段の生活の些細な意識改革で，決して特別な事ではないことを理解できると考える．このように，新入生同士や在学生との親睦を深めると同時に，SDGsの各目標の内容や具体例について，楽しく実態を学べたオリエンテーションにできたと考える．

・FUN 共創カフェ

　看護学科では，学部教育充実の一環として，正課外活動の活性化を支援し，さまざまな活動経験を通した人間性豊かな人材育成に取組んでいる．その中の活動の1つである「FUN 共創カフェ」は，SDGs の目標3.「すべての人に健康と福祉を」と，目標17.「パートナーシップで目標を達成しよう」の到達に

向けて活動を展開している．本取組みの登録者は看護学科の1〜4年生87名（令和4年10月時点）で，学年の垣根を越えての交流が可能である．活動内容は，仲間とSDGsについて理解を深め合うことはもちろん，福岡県内のSDGsイベントへの参加や，SDGs紹介ブースでの子供向け講義などの活動依頼が届くため，希望学生が参加している．このように，外部から依頼されたイベント等に参加することもあるが，先の節で述べたSDGsオリエンテーリングにおいて，③クイズでの問題作成や当日のクイズ出題には，FUN共創カフェ所属の学生が携わっていた．特に，作成された問題が福岡大学での電力使用量や環境状況と関連付けた内容で，SDGsが自分の身近に関係していることを分かりやすく伝達できるよう創意工夫されたものとなっていたと考える．一方で，FUN共創カフェは授業の一環ではなく，正課外活動として運用されているため，本業の課題に追われたり，実習や国家試験勉強と重なったりなどで，なかなか継続的な活動ができないことが課題とされている．また，学生が主体で企画・立案した活動も行うことができていない．しかし，SDGsについて理解し，17の目標達成に向けてできることを考え，実際に行動に移す際の窓口となっており，重要な役割を果たしている．これからも身近な地域社会において多様な人たちと共にSDGsの理解や普及する機会を与える場所として活動を続けていく．

このように，SDGsに関する取組みを実施したことで，まず学生や教員間でSDGsが共通言語となったことが大きな変化であった．また，SDGsは自分の住む世界からかけ離れた他人事の問題ではなく，自分の身近（大学での勉強（看護学），医療，私生活，家庭内など）に何かしら関係があり，個人の小さな意識改革と行動だけで，少しずつ貢献することができることを，学生はもちろん教員も学び，認識することができたのが最も大きな収穫である．国連総会で採択された世界的な目標ということもあり，「自分が行動することで世の中が大きく変わるわけではない」と誤認していた学生も多かったようで，その考えを払拭できたと振り返る．今後もSDGsを理解・行動する学生をサポートするために，本活動を継続し，体制も今以上に整えつつ，学科全体で取組む目標を立て，学生主体で達成に向けた持続可能な活動を展開していきたい．

看護学科だけでなく，各学部・学科で取組めたら，さらに教育効果も高くな

ると確信する.

2　ウクライナからの学生支援の取組み

　2022年 2 月24日に, ロシア連邦はウクライナへの軍事侵攻を開始した. 日本の総理官邸と国会, および日本政府はロシアによるウクライナ侵略と表記している. その影響を受けて, 戦火を避けるウクライナの人々が他国に逃れることを余儀なくされ, 国連難民高等弁務官事務所の調べでは, ウクライナから近隣国に逃れた人は1500万人に上り, 660万人が国内避難民となっている. 避難民の多くは女性や子供であり, その中には数多くの大学生も含まれる. SDGs では, その項目 4 に「質の高い教育をみんなに」と謳われている. いかなる状況においても, 若い人から学問や研究の自由を奪うことは許されない. そこで, 福岡大学においても, 個人招聘の形ではあるが, ウクライナからの学生を本学に研修生として招く取組みを実施した. 招聘には, 外務省, 在ウクライナ日本大使館, 法務局, 福岡市役所, はじめ民間 NPO や企業様から多大な支援を頂き, 実現に漕ぎつけた.

　我々と研修生は, 来日 3 カ月前からビデオ通話で事前交流を行い, 日本語を教えながら, 互いに親睦を深め, 相互理解から始めることとした. ビザや避難民としての審査に, 日にちを要し, 来日, 実際に対面できたのは10月 7 日であった. 少しでも喜んでもらいたいとの思いから, 学生が出迎えに向けてウクライナの国旗を作成した. 当日の朝 3 時までの作業となったが, 最終的には胸ほどの高さで目立つものになった. そこには, 学生のまだ見知らぬ人への寄り添う思いを強く感じた. 我々と研修生とは画面越しに顔見知りで, 我々も大きな目印を持ってはいるが, たくさんの人で賑わう到着ゲートでは互いに見つけるのも困難かと考えていた. しかし実際にゲートからでてきた研修生は, 旗を目印に, まっすぐ我々の方に向かって歩き, 我々も姿を確認してすぐに研修生だと認識できた. 学生は, 「お疲れさまと」声をかけたかったが, 咄嗟には出てこず, しどろもどろに会えて嬉しいとしか言えなかった. しかし移動の際には, ぽつりぽつりと会話を始めることができたのはとても温かい互いの記憶になった. **写真18‐2**には, 到着や普段の生活の様子を示す. 計画を立て, 実際の招聘までに, 多くの苦労あったが, それ以上に, 学生の暖かい気持ち, そし

写真18-2　ウクライナ学生の到着と学内での様子

て笑顔と得られるものが断然大きかった.

　メディアを通し,さまざまな感情とともにウクライナの情報には触れていた
つもりだったが,実際に目前で出迎え,話ができるというのは奇妙な感覚も
あった.自国から言葉も通じない他国へ避難といった形で,我々と年も変わら
ないような人たちまで避難していかざるを得ない状態に対して,本当に身に染
みて,その理不尽さを感じ,共感できたと感じる.やはり,知識だけではなく,
実体験を経る事で学ぶことは多い.

　日本での生活に慣れながら,研修生との間で,互いの文化や雑談であったり,
生活のことやさまざまな手続きの案内の際にも色々な対話で相互理解に努めて
いる.学生のほとんどは,最初から英語で円滑なコミュニケーションをとるこ
とが困難であったが,学生同士で頭を捻って助け合い,研修生もさまざまに言
い換えてくれたり,ジェスチャーを行って,交流を深めることで,徐々に会話
の精度も向上した.何気ない話題で共に笑いあうことも増えたのが最上の喜び
である.上記交流を通して,友人同士でもいたずらに英語で話してみたり,ふ
とした場面で,ある文章を英語でどう表現するのかと話をすることも増えた.
この経験を通して福大生の英語に対する意識も変わり,ひいては異文化コミュ
ニケーションに対する敷居は確実に低くなったように思う.

第4節　おわりに

　本学におけるカーボンニュートラル,SDGs に対する学生の意識を調査した.

カーボンニュートラル，SDGs, 共に現在の社会における基本的，かつ重要キーワードであり，認知度は一定あるものの，細かな内容は把握できていない実態がわかった．さらに，別途実施したアンケートで，カーボンニュートラルの内容で実際に理解してみたい内容に関しても調査した．本書の内容，本書に沿う授業の内容は，そのアンケート結果に基づいている．

　本学の実際の SDGs に対する理解への取組みとして，看護学科の事例を紹介した．これらのソフト面での拡充を図り，さらなる理解と浸透を進めたい．

　さらに，ウクライナ学生の受入れなどを通じて，知識でけでなく，心の面での向上も図っている．知識と心，その両面を兼ね備えた人材こそが将来の宇宙船地球号の未来を変えてくれると信じている．

参考ウェブサイト
国連難民高等弁務官事務所 HP（https://www.unhcr.org/jp/ukraine-emergency）.

第**19**章

福岡大学のカーボンニュートラルへの取組み

第1節　はじめに——福岡と地球温暖化

1　気候変動による身近な生活環境への影響

「地球温暖化」とはなんですか？　「カーボンニュートラル」を知っていますか？

近年，全地球レベルで大気中の二酸化炭素（CO_2）やメタン（CH_4）などの温室効果ガスの濃度が上昇し，同時に，温度上昇とともに，地球温暖化が進んでいると言われている．

地球の温度は CO_2 などの温室効果ガスが大気中に存在しなかった場合は，マイナス19℃と推定されているが，大気中に温室効果ガスが現在の量で存在する場合は，地球の温度が14℃程度と生活環境を保持できる状況に保たれている．しかし，将来において大気中の CO_2 などの温室効果ガスが上昇すると，気温が上昇し地球温暖化が加速し，地球温暖化による以下のような，さまざまな影響が出ると言われている（図19‐1参照）．

① 健康：熱中症の増加，感染症媒介蚊の生息域の拡大　など
② 食料：穀物収穫量の低下，水稲の品質低下，果樹などの栽培適地の変化，魚介類の生息域の変化　など
③ 自然災害：豪雨による災害の激甚化，台風勢力の巨大化，海水面の上昇と高潮の影響　など
④ 生態系：サンゴの白化，サクラ開花の早期化　など

また，地球温暖化による「集中豪雨，森林火災，大雪」などの異常気象が発生し，日本においても，九州地方では2017年7月北部九州豪雨，2000年熊本豪

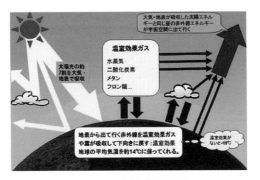

図19‐1　温室効果とは
(出所) 気象庁 HP「知識・解説」「地球温暖化」より一部抜粋.

写真19‐1　熊本県豪雨災害の被災
(出所) 熊本フリー写真無料写真の「キロクマ」(kumamoto.photo) の「2020年「令和 2 年 7 月豪雨災害」関連」写真より.

雨など大きな被害が発生している（**写真19‐1 参照**）.

　2017年 7 月に発生した九州北部豪雨災害では, 7 月 5 日の昼頃から夜にかけて, 九州北部の福岡県から大分県にかけて, 線状降水帯が発生し, 短時間に降雨量500 mm を超える記録的な大雨となり, 九州北部の 3 水系（遠賀川, 筑後川, 山国川）で洪水が発生し, 大きな災害となった（**図19‐2 参照**）.

　このように, 日本を含む地球レベルで地球温暖化の影響が想定される中で, 2021年ノーベル物理学賞を受賞した真鍋淑郎プリンストン大学上級研究員によって, 大気中の二酸化炭素濃度の上昇が気候の変動に与える影響が明らかにされて以降, 世界中で二酸化炭素の排出削減による地球温暖化対策が進められ

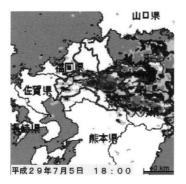

図19 - 2　九州北部豪雨災害時の
線状降水帯
（出所）国土交通省九州地方整備局 HP
「平成29年７月出水の概要（雨量）」
より一部抜粋.

ている．現在，2015年12月に開催された，国連気候変動枠組み条約第21回締約
国会議（COP21）において，全地球レベルで産業革命前と比較して1.5℃の温度
上昇に抑えることを目標にした「パリ協定」に多くの国が合意して，地球の気
温上昇を抑制しようとしている．

2　福岡市の気温について

　地球温暖化による気温の上昇に伴う影響を，1900年から2020年までの福岡市
の平均気温や冬日，熱帯夜，真夏日，猛暑日の変化を見ていく．

　① 福岡市の平均気温

　1900年の約15℃から2020年の17.5℃まで上昇し，120年間で約2.34℃上昇し
ている．これは，日本の平均気温1.19℃よりも上昇傾向が大きく，温暖化と都
市化によって高くなっていることが推測される（**図19 - 3** 参照）．

　② 福岡市の冬日と熱帯夜

　冬日（最低気温が０℃未満）は1900年から1940年代が20～40日程度あったが，
1950年以降は冬日の日数が徐々に少なくなり，1990年以降は10日以下又は冬日
のない年があるなど，福岡市の気温が高くなっていることが推測できる．

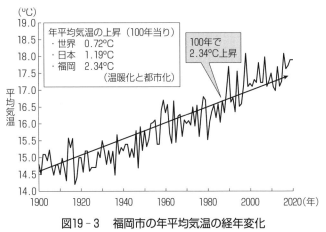

図19-3　福岡市の年平均気温の経年変化

(出所) 気象庁，各種データ・資料より筆者作成.

　一方で，夏の最低気温が25℃以上の熱帯夜は，1950年以降に発生頻度が徐々に高くなり，2000年以降は1年間に20～45日ほど発生するなど，夏季の1カ月から1.5カ月間は熱帯夜となり，気温の上昇とともに都市のヒート化が続いていることも確認できる.

　このように，冬季の冬日が年々少なくなる一方で，夏季の熱帯夜の発生頻度が2000年以降に多くなっていることからも，地球の気温が高くなっていることが伺える (図19-4参照).

3　福岡市の真夏日と猛暑日

　真夏日 (最高気温が30℃以上) の発生頻度は1900年から現在の2020年まで，年間に30日から70日程度発生しているが，2020年以降は50日以上の発生頻度が高くなる傾向にある.

　また，最高気温が35℃を超える猛暑日も2020年以降に発生頻度が高くなる傾向にあり，2013年には猛暑日が30日あり，そして，福岡市で2018年8月21日には最高気温が38.0℃を記録している (図19-5参照).

　このように，福岡市の120年間にわたる気温の変化を見ても，冬日が少なくなり，熱帯夜と猛暑日が増加するなど，福岡市も温暖化による気温の上昇と，同時に，都市部の熱の蓄熱によるヒート化が進行していることが確認できる.

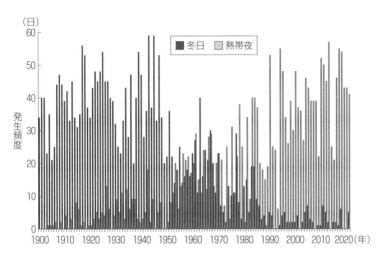

図19‒4　福岡市の冬日と熱帯夜の発生頻度

（出所）気象庁，各種データ・資料より筆者作成.

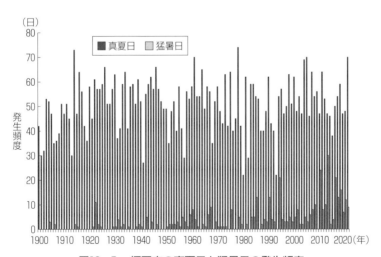

図19‒5　福岡市の真夏日と猛暑日の発生頻度

（出所）気象庁，各種データ・資料より筆者作成.

第2節　福岡大学のエネルギー使用と CO_2 排出量

1　法人全体の環境負荷量 （2020年度実績）

　学校法人福岡大学は学部（9学部31学科），大学院（10研究科34専攻），附属病院（3病院），附属学校（2高等学校・1中学校）を要し，学生数1万9470名，生徒数3840名，職員数4360名で構成される総合大学である．

　法人全体で使用するエネルギー（電力，燃料等）や上水道及び廃棄物などの環境負荷量は，2020年度はエネルギー使用量（原油換算量）2万660kL，上水道使用量29万 m^3，廃棄物排出量1800トンとなっている．使用するエネルギーは電力が5580万 kWh，重油が2070kL，都市ガスが402万 m^3 で，各種使用エネルギーを原油に換算すると電力が法人全体の約7割，都市ガスが約2割，重油が約1割となっている．また，各種エネルギーの使用に伴う CO_2 総排出量は1年間に約3万3300トンを法人全体で排出していることになる（図19-6参照）．

2　エネルギーの使用状況と CO_2 排出状況

　法人全体が1年間に使用するエネルギーにおいて，電力使用量は2013年度の6300万 kWh をピークに，2019年の新型コロナウイルス感染の発生前に6100万kWh（一般家庭が1年間に使用する電力の1万2000世帯前後に相当する）まで徐々に低下している．これは，法人全体の節電対策（高効率型空調やLED照明の導入，夏季・冬季の運用面での節電要請など）によって，徐々に電力使用量が低下する傾向にある．また，2020年は新型コロナウイルス感染防止対策の一環として，対面授業からオンライン授業（中学・高校除く）やリモートワークへの変更などによって，講義室や研究室等での電力使用量が大幅に削減された．

　都市ガスや重油は主に冷暖房の燃料として使用され，現在，エネルギー対策として効率の良い都市ガスボイラへ転換中である（図19-7参照）．

　次に，地球温暖化対策における CO_2 削減状況は，法人全体の建築物の床面積当たりのエネルギー使用量（原油換算）と CO_2 排出量及びその削減率を日本の CO_2 削減対策の基準年（2013年度）比で整理した．2020年度の法人全体の CO_2 総排出量は約3万3300トンで，総排出量を建築物の床面積当たりの CO_2

図19-6　学校法人福岡大学の環境負荷量（2020年度）

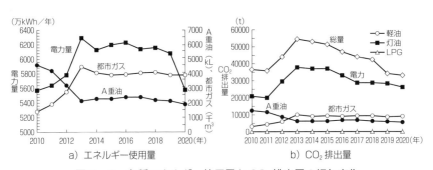

a）エネルギー使用量　　　　b）CO₂排出量

図19-7　各種エネルギー使用量とCO₂排出量の経年変化

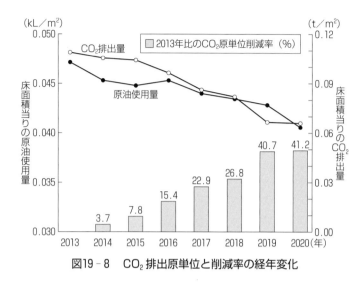

図19‑8　CO$_2$排出原単位と削減率の経年変化

排出量に換算すると CO$_2$ 排出原単位は0.065t-CO$_2$/m^{2}となった．これは，日本の基準年（2013年）の CO$_2$ 排出原単位（0.111t-CO$_2$/m^2）に対して41.2％の削減率（2030年 CO$_2$ 削減率目標46％）を達成した（図19‑8参照）．

3　本学の電力使用状況の特徴

　法人全体の電力使用状況を系統別に分類すると，理系学部や病院など実験系や医療系などで電力使用量が多くなっている．また，2019年の電力使用量に対する2020年度の系統別の節電率は，新型コロナウイルス感染対策（医療施設や教室の換気対策など）により，医療系や附属高校は節電率が小さく，本来の節電対策が出来なかった点が挙げられる．一方で，オンライン授業やリモートワークで対応した大学部門では20％前後節電されている（表19‑1参照）．一方で，節電率が低かった医学系，薬学系，病院等は，仕事の性格上24時間連続して使用する特殊空調（恒温・恒湿室，フリーザー，ディープフリーザーなど）などが多く使用されているため，電力使用量が多くなっていることが考えられる．

　本学の七隈キャンパスで使用する電力量は①講義及び業務時間帯の「昼間電力（7〜18時）」，②夜間部講義，病院などの夜間業務の「夜間電力（19〜24時）」，③理系学部の研究や病院維持などで24時間連続して使用する「基礎電

表19‑1　法人全体の系統別電力使用量の構
成比と節電率（2020年度）

学部・設備	構成比（%）	節電率（%）
文学系	7.1	25
理学系	3.2	17
工学系	4.8	19
医学系	9.7	2
薬学系	8.5	6
スポーツ科学系	1.7	23
事務系・他	9.9	19
病院系	48.0	2
附属学校	5.4	+1
附属施設	1.5	26

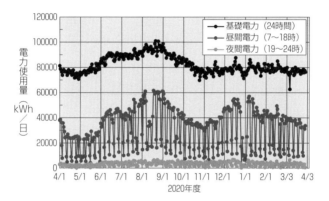

図19‑9　七隈キャンパスの時間帯別電力使用量（2020年度）

力」の3つに大別できる.

　本学の1日の時間帯別電力使用状況において，節電対策の主たる時間帯である昼間の電力が占める割合は1/3程度で，理系学部や医学部及び病院などで24時間使用している実験機器類や空調管理が必要な居室や恒温室などの基礎電力が全体の2/3を占めている（図19‑9参照）.

　また，時間帯別電力使用量を系統別に整理すると，昼間電力は理系学部や医学・病院系統が30%以下に対し，事務・講義棟が34〜51%と高い割合を示している．このため，節電対策は昼間が事務業務や講義棟での節電対策，理系学部や医療・病院などでは24時間連続使用している基礎電力の節電が効果的な対策

表19‐2　建物の時間帯別電力使用状況（2020年度）

時　間　帯	全　体	事務・講義棟	理系学部	医学部・病院
昼間電力（7〜18時）	26.8%	34〜51%	20〜28%	23〜28%
夜間電力（19〜24時）	2.9%	4〜5%	2〜3%	1〜5%
基礎電力（24時間連続）	70.4%	45〜62%	70〜78%	69〜75%

となる（**表19‐2**参照）.

4　本学の節電対策例

① 効率型空調機の導入効果例

　文系センター棟は研究室などの空調を，効率型空調機（359台）に更新したことで，夏季の節電期間（6〜9月）では電力使用量が更新前と比較して約3割の節電効果が得られた（**図19‐10**参照）.

② 遮熱塗料による建物の屋上部の蓄熱対策例

　夏季の電力の節電対策の中で，建物自体に蓄積した熱量を削減することが，空調機の稼働の効率化を高める方法として効果的であることから，建物自体の断熱対策として，建物の屋上部や壁面部への「遮熱塗料」の塗布による施工効果を検証した.

　本学の建物の屋上部に遮熱塗料を塗布した遮熱部と非遮熱部を設置した結果，夏季は昼間の時間帯で屋上の非遮熱部の温度が39℃前後に対し，遮熱部は35℃前後，夜間帯では25℃前後と遮熱材による効果が確認され，さらに，室内の温度は遮熱部対象の居室の方が非遮熱対象居室よりも1〜2℃低くなった. このため，建物への遮熱塗料は省エネ対策として効果的であることが確認でき，本学も既存の建物に導入していく計画を進めている（**写真19‐2**，**表19‐3**参照）.

　また，建物の窓の熱対策として，二重窓ガラスへの転換や既存窓への遮熱フィルムの貼付けなどによる居室内の温度対策も検討している.

③ LED照明の導入効果例

　省エネ型LED照明の導入効果は3つの観点（明るさ，節電効果，経済性）から検討し，その効果を検証するため，「A棟講義室」へのLED照明を導入した.

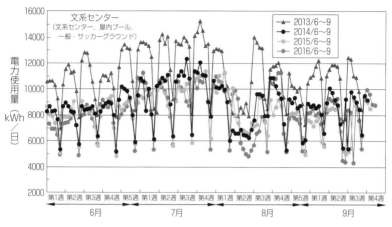

図19‐10　文系センター系統の夏季電力使用量の経時変化

写真19‐2　遮熱塗料の塗布状況とサーモカメラの温度分布

表19‐3　屋上部への遮熱塗料の塗布効果

時期	比　較	屋上部温度	天井部 (No. 1)	部屋中央部 (No. 2)
夏季	非遮熱部	39.3	30.9	31.5
	遮熱部	33.3	30.6	30.4
冬季	非遮熱部	9.9	8.1	8.1
	遮熱部	7.4	10.6	10.6

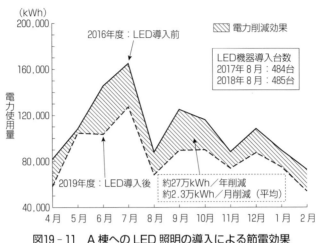

図19‐11　A棟へのLED照明の導入による節電効果

その結果，LED照明導入前後で約9％の節電効果が得られた．この結果を受け，新4号館，総合体育館など新しい建物は全てLED照明を導入している．また，既存の建物も2035年頃には全建物の照明をLED照明に転換することを計画中である．さらに，本学の外灯は水銀灯を使用してきたが，2013年から全世界で検討されてきた「水銀の水俣条約」が2017年に発効されたのに伴い，水銀含有廃棄物の処理処分が規制強化されることから，水銀灯を計画的にLED照明に転換している（図19‐11参照）．

5　再生可能エネルギーによる創エネルギーの促進例

　本学は約64ヘクタールの校地を有するキャンパス内で再生可能エネルギーの創出として，太陽光発電の設置にともなう本学で使用する電力の確保を積極的に進めている．現在，本学には中央図書館と大濠高校及び新プールに太陽光パネルを設置し発電を行っている．ここでは，新プールでの発電状況について紹介する．

　新プールには太陽光発電量233kW（太陽光パネル243W×960枚）を設置し，自家消費型の発電を行っている．太陽光発電は夜間は発電しないが，2021年度は27.2万kWhを発電できた．この発電量は一般家庭が1年間に使用する電力量の約60世帯分に相当する．また，本学の1号館，7号館が1年間に使用する電

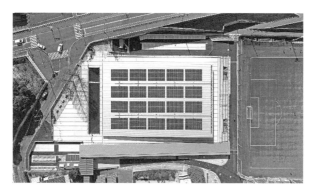

写真19‐4　新プール屋上への太陽光発電の設置状況

力量に相当する量を発電している.

　太陽光発電の省エネ効果を受けて，現在，本学の校区内で太陽光発電の設置の可能性を検討し，2035年には1年間の発電量を350万kWh目標に検討を進めている（写真19‐4参照）.

第3節　福岡大学の「脱炭素キャンパス」へのアプローチ

　日本は脱炭素化による気候変動への対応が待ったなしの課題であることから，2021年4月に，2030年には炭素排出量46％削減（2013年基準）を目標値に表明している．さらに，「2050年のカーボンニュートラル」を宣言し，温室効果ガス排出量削減と環境・経済・社会の課題の同時解決のため，積極的な省エネルギー対策と再生可能エネルギーを活用し優先した対策の方向性を示している．

　学校法人福岡大学は大学としての社会的役割を踏まえ，本学に設置された「カーボンニュートラル推進拠点」や「福岡大学地球温暖化対策会議」等で，カーボンニュートラル実現に向けた「福岡大学総合エネルギー対策の基本方針」を作成し，2030年，2050年の目標達成のための施策を進めている．

1　法人全体で長期的に推進する総合エネルギー対策の基本方針

　法人全体で使用するエネルギーの約7割が電力である．さらに，電力使用量の約7割が機器類などの設備で24時間使用している．省エネルギー対策は①

設備の高効率機器への更新，②学生と教職員による運用面での節電対策に取組んできたが，現在の省エネ対策では2030年と2050年のCO$_2$削減目標の達成には課題が残る．

このため，法人全体では従来の「省エネルギー対策」に再生可能エネルギーの創出を加えた，キャンパス全体の総合的なエネルギー対策の方針転換と基本方針を作成し，カーボンニュートラル達成に向けたエネルギー対策への積極的な取組みを進めていく必要がある．

特に，法人全体で使用するエネルギーの大部分は100棟以上の建物で使用しています．新しい建物は建築環境総合性能評価システム（CASSBE）を取入れた省エネ型建物に対し，既存の多くの建物に対する省エネ対策を検討する必要があります．このため，建物への本格的な「低炭素型建物（ZEB）」の積極的な導入を中心に，法人全体の総合エネルギーの長期計画を作成し，計画・実践していくことが重要となる．

総合エネルギー対策はゼロカーボンキャンパスを目指した法人全体の基本方針のもとに，七隈・烏帽子キャンパス及び附属施設等を含め，2030年，2050年のキャンパス将来計画を見据えた，より具体的な総合エネルギー対策を各種委員会間で協議しながら積極的な対策を推進することが必要である．以下に，法人全体の総合エネルギー対策の基本方針を示す．

① 省エネルギー対策

・省エネ推進の基本は建物ごとに省エネ対策を実施することであり，新設の建物と既存の建物とに分けて，ZEBシステム*1を導入した省エネ対策を実施する．

・主として，建物自体の断熱，遮熱対策，窓の遮熱化・断熱化，一方，建物内は空調設備の高効率型へ逐次転換（15年更新計画），LED照明の新規導入と早急の転換（15年更新計画）及び，研究関連部署における特殊空調施設（恒温室等）及びフリーザー等の高効率型機器への更新などを図る．

・更に，上記施設・設備等の適切かつ効率的な管理運用を実施し，教職員及び学生を含め法人全体で恒常的な省エネ行動の積極的な推進によるエネルギー使用量の削減を図る．

② 創エネルギーの実践

・本学の 60ha を超える面積を有効活用し，エネルギーを創出する．

・太陽光パネルの導入に伴う発電による節電と，パネル設置に伴う建物の遮熱材としてエネルギー対策効果を増大させる．

・太陽光で発電できない夜間・深夜部の電力確保として蓄電システムの導入や小型風力発電等の導入効果を検討する．

・建物の熱エネルギー源として高ジェネ型ボイラーや ESCO 事業の積極的な導入を再検討する．

・建物のエネルギー源として将来的には水素エネルギーを活用したボイラー等の導入の可能性を検討する．

③ キャンパスの全体のヒート化抑制（熱負荷抑制）

都市部のヒート化防止によるエネルギー削減を図る手法を本学キャンパスに取り入れ，キャンパス内の熱負荷[*2]の抑制を図る手法を導入する．

・キャンパス内の道路舗装部の蓄熱抑制型の舗装材への転換や遮熱材の塗布を導入する．

・キャンパス内の積極的緑地化と裸地部の削減を推進する．

④ その他の CO_2 削減対策

・キャンパスの緑地化に伴う樹木等による積極的の CO_2 削減

・上水道の節水による使用量の削減対策による CO_2 削減

・3R による廃棄物の排出抑制と削減

〈ZEB システム[*1]〉

　ZEB（Net Zero Energy Building：通称ゼブ）は環境省が推進し，建物の室内環境を快適に維持しながら，消費する年間の一次エネルギー収支をゼロにすることを「建物」に適用した目的を言う．建物内での活動に係るエネルギーをゼロにはできないため，① 省エネによる使用エネルギー量を極力削減，② 創エネによって建物で使用するエネルギーを補填することで，エネルギー消費量を正味（ネット）でゼロにする考え方となっている（**図19-12参照**）．

　ZEB の達成には建物自体のエネルギー消費量をゼロにする大量の省エネ量と創エ

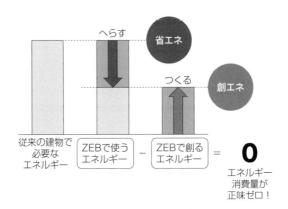

図19‒12　ZEB の概念図

ネ量が必要となってくる．その目的のために，新たな省エネ技術の導入や，創エネ技術の導入の可能性及び経済性の問題が大きく関与してくる．このため，ZEB はゼロエネルギーの達成状況に応じて，4 段階（① ZEB（ゼブ）：省エネ（50％以上）＋創エネで100％以上の一次エネルギー消費量削減を実現する建物．② Nearly ZEB（ニアリーゼブ）：省エネ（50％以上）＋創エネで75％以上を削減．③ ZEB Ready（ゼブレディ）：省エネで基準一次エネルギー消費量から50％以上を削減．④ ZEB Oriented（ゼブオリエンテッド）：延べ面積 1 万 m²以上で，省エネで用途ごとに規定した一次エネルギー消費量の削減（学校等は40％）を実現し，更なる省エネに向けた未評価技術（WEBPRO において現時点で評価されていない技術）を導入している建物．）に定義している．法人全体の長期的な総合エネルギー対策を進めるため，長期使用する既存建物や新築時の建物は ZEB システムを基に，「ZEB 対応の建物のエネルギー対策」（**図19‒13**参照）を積極的に導入していく必要がある．

〈キャンパス内の熱負荷[*2]の抑制〉

　サーモカメラによるキャンパス内の温度分布例から，道路の舗装部や日射が当たっている建物壁面等は高温化した状況にある．一方，樹木等により緑化した正門や A 棟前広場及び高木樹により建物の日陰部は温度が低い環境となっていることから，キャンパス全体の熱負荷を抑制することで，建物への蓄熱が抑制され，空調等のエネルギー使用量の削減が期待される（**図19‒14**参照）．

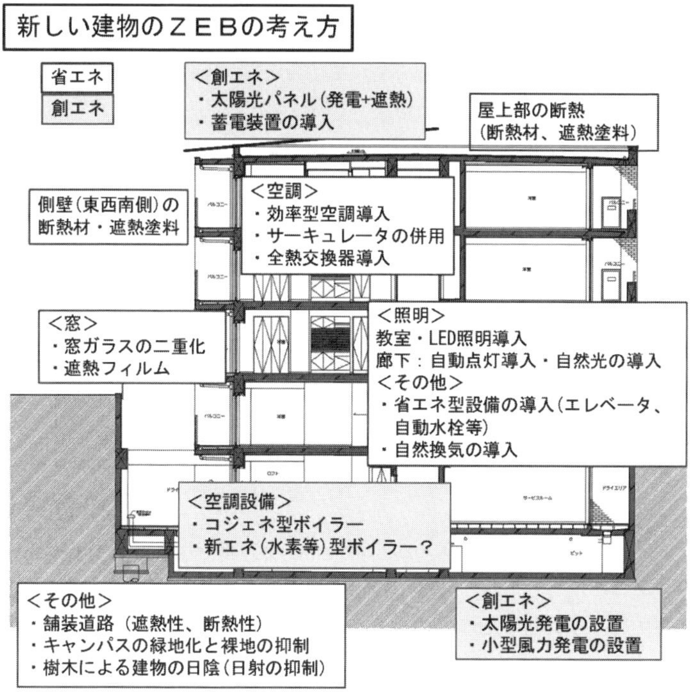

新しい建物のＺＥＢの考え方

省エネ
創エネ

＜創エネ＞
・太陽光パネル（発電＋遮熱）
・蓄電装置の導入

屋上部の断熱
（断熱材、遮熱塗料）

側壁（東西南側）の
断熱材・遮熱塗料

＜空調＞
・効率型空調導入
・サーキュレータの併用
・全熱交換器導入

＜窓＞
・窓ガラスの二重化
・遮熱フィルム

＜照明＞
教室・LED照明導入
廊下：自動点灯導入・自然光の導入
＜その他＞
・省エネ型設備の導入（エレベータ、
　自動水栓等）
・自然換気の導入

＜空調設備＞
・コジェネ型ボイラー
・新エネ（水素等）型ボイラー？

＜その他＞
・舗装道路（遮熱性、断熱性）
・キャンパスの緑化と裸地の抑制
・樹木による建物の日陰（日射の抑制）

＜創エネ＞
・太陽光発電の設置
・小型風力発電の設置

図19‐13　新築時の ZEB 対応の建物のエネルギー対策

34.0 ℃

| 30 | 55 | 21 | 48 | 30 | 41 | 13 | 38 |

Ａ棟前広場　　　　　正門と受付　　　　10号館壁面　　　　央図書館

図19‐14　キャンパス内の温度分布例

付記

　本章第 2 節は福岡大学地球温暖化対策会議「福岡大学の環境への取組み——環境報告書 2021——」を，第 3 節は「福岡大学省エネルギー委員会資料」を参考に作成したものである．

第20章

これから私達は何をすべきか？

第1節　はじめに

　今までの章で，地球温暖の状況，地球温暖化対策の俯瞰，あるいはビジネス機会などを見てきた．どちらかと言えば，テクノロジーや実社会での動き，機会が中心であった．最後となる本章では，個人単位での行動変容について述べてみる．総務省統計局の家計調査によると，定年退職後の2人暮らしの電気代は2019年調べでは，約1万1088円／月であり，25〜34歳までの電気代と比べ約1.2倍高いとの結果になっている．この理由としては，1）子供が独立し，家の利用スペースが増え，その分，無駄が増え，電気料金が増える傾向になる，2）在宅時間が増える等が挙げられる．他方，子育て時代からの電気代に慣れると，それを超えない限り，そのピークの電気代を常態として捉え，気にしないという側面も考えられる．

　また，よく言われることであるが，エアコンの設定温度を1℃上げるだけでも，エアコンの消費電力を10％上げる[1)]．東北電力によれば，外気温度31℃の時に，エアコン（消費電力：2.2kW）を1日に9時間使う場合で，冷房設定温度を27℃から28℃にした場合には，年間で14kg程度のCO_2削減になる．これは，一見小さく見えるが，ちりも積もればで，大きな効果を産む．この考えに基づき，デマンドレスポンスと呼ばれる技術も開発されている．すなわち，エアコンがITと繋がり，外部から「使用者が不快にならない範囲」で，エアコンの温度を制御・調整するものである．これにより，夏場の空調電力需要のひっ迫対策などに有効とされる．

　本章では，このように，大規模なテクノロジーや政策に依らず，ちりも積もればのように，個々での行動変容による温暖化対策の可能性について述べていく．

第2節　行　動　変　容

1　行動経済学

　まず，行動経済学について述べる．通常の経済学は「人間とは合理的判断の下で，経済活動を行う」を前提にして，理論が構築されている．誰でも損をするのは嫌なので，損を避ける行動をする——これは自明とも思えるが，現実には，人間とは一見合理的な行動をしているようではあるが，経済活動において合理的でない場合も多く認められる．これを説明するのが行動経済学であり，これら「不合理な行動」を理解し，取り入れた上で，その知識をビジネスなどで有効に使おうという考えであり，特に，その不合理が人間のさまざまな感情により起こることを説明するものである．その内容には，アンカリング効果，プロスペクト理論，サンクコスト，おとり効果など，ビジネスの現場で応用されていることも多い．ここでは，プロスペクト理論についてのみ，簡単に紹介する．

　プロスペクト理論は，人間は「得した時よりも，損した時の感情の振れ幅が大きく，損を回避する傾向にある」というものである．例えば，500円を拾った時の平常から嬉しい気持ちに振れた場合と，500円を落とした時の平常から落胆への気持ちの振れ幅の方が大きいとなる．そのため，落胆を嫌うため，損すると考えられる事案に対しては，それを回避することを最優先するとなる．

　例えば，以下の2つの問いを考える．

【問1】以下のA, Bを選択せよ．

　A：無条件で1000円が貰える．

　B：コイン投げをして，表なら2000円，裏なら何も貰えない．

【問2】無条件で1000円を貰えたとして，追加で以下を選択せよ．

　A：コインを投げて表が出たら追加で1000円，裏が出たら1000円を没収

　B：コイン投げをしない

　問1ではAを選択，問2ではBを選択する傾向が高いことがわかっている．これは，上述の損を回避する傾向で説明できる．プロスペクト理論では，この損得の感情を振れ幅を説明するものとして，**図20‐1**に示す価値関数を導入す

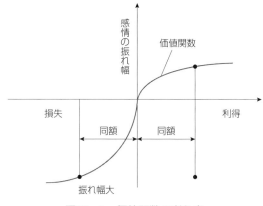

図20‐1 価値関数の考え方

る．横軸で右は利得（利益）を表し，左は損失を表す．また，縦軸は損得のそれぞれを受けた時の感情の振れ幅である．図の様に，利得の振れ幅よりも，損失の振れ幅が大きいことを表す．このように，行動経済学では感情による人間の不合理な行動を説明しようとするものである．この考えは，社会でも受け入れられ，この理論を先駆的に提唱したシカゴ大学のリチャード・セイラー教授は，2017年のノーベル経済学賞を受賞している．それもあって，実際のビジネスにおいても活用されている．次に，この行動経済学において，地球温暖化対策にも活用可能と思われるナッジの考えを紹介する．

2 ナッジ

ナッジとは，"注意をひくために，ひじで軽くつつく"という意味である．これは，「これをやりなさい！」というような強制することではなく，選択の自由を認めつつ，より良い意思決定をできるように選択肢の提示の仕方を変えるなどの工夫をすることである．そうすることで，個人だけでなく社会を健康でより豊かなものにすることができる．人は「これをやれ」・「あれをやるな」など強制されると，どうしてもいやな気持ちになり，かえって反発してしまう特徴がある．例えば，冒頭で述べたように，エアコンの設定温度を1℃上げるだけで，効果があるのは知っていても，反発はしないまでも，実際はなかなか行動できない．それに対して，設定温度を1℃上げることを，喜んで実行する

a) 導入前　　　　　　　　　　b) 導入後

写真20‐1　ナッジによるタバコのポイ捨て防止

仕掛けを行動経済的な発想でできれば，それは無理なくできそうである．このように個人の選択に介入して自由を制限する発想を"パターナリズム"と言う．人は，強制されると反発してしまうという特徴から，自由な選択肢を用意しておくことが重要ということである．自由な選択肢を提示しつつ，気づかれないように人々の意思決定に介入して人々を合理的と考えられる好ましい意思決定に導くことを"リバタリアン・パターナリズム"と言う．これが，ナッジである．実際に，我々に選択の自由を認めながら，結果的に多くの人の意思決定をより良い方向に誘導することは可能である．我々もよく目にする，タバコの路上へのポイ捨てをナッジで解決した英国の事例を**写真20‐1**に示す．この例では，2つの灰皿を準備し，それぞれの上に，「世界で一番のサッカープレーヤーは？」と書き，それぞれに「ロナルド」，「メッシ」とし，吸い殻の量で投票が決める工夫である．これにより，楽しみながらポイ捨てを解決し，また各選手の評価もわかり，一石二鳥になっている．

温暖化関連の一例では，日本版ナッジユニットと呼ばれる「低炭素型の行動変容を促す情報発信（ナッジ）による家庭等の自発的対策推進事業」が産学官の連携により発足している．この事業では，「約30万世帯を対象に，電気やガスの使用量やその推移のデータとともに，各世帯にパーソナライズされた省エネのためのアドバイスを記載したレポートを送付」をした．すると，その後2カ月に省エネ・省CO_2効果が確認されている．例えば，「お宅とよく似たご家

図20‐2　ナッジを応用した省エネ喚起ポスターの事例

（出所）　糸井川ほか［2018］.

庭は省エネのために扇風機を使っています」などの通知などである.

　良質なナッジを設計するには, 糸井川らは, ２段階の着目点があるとした. すなわち, １）情報に対する選択的注意を得る, ２）情報による行動変容を促すの２つである. １）の選択的注意というのが, ナッジの本質であり, 決して「強制」をしないことである. 上述のタバコの事例では「選択的注意」は明確には示していないが, サッカー好きの巧みな心理をついている. このように, プロスペクト理論やナッジの応用で, 個々の積み上げにより地球温暖化対策という形もあるべきである. 糸魚川らによる, ナッジを考慮した省エネの取組みポスターの事例を**図20‐2**に示す. このポスター喚起を実際のホテルに適用した結果, 平均でエアコンの温度設定が平均で0.5℃高めとなることを確認している. 特に, 注意文に道徳的意識の喚起を含むケースでは有効であったと報告されている. このような取組みは, 大規模なテクノロジー比較して, 地味にも写るが, それが集まった場合には, 大きな効果を産む可能性を秘めている. 地球温暖化対策は時として大きな痛みを伴う可能性もあるが, 叶うるのであれば, ナッジなどの適用にその痛みを緩和, 或いは時に楽しくできればと考える.

第3節 カーボンニュートラルの道徳的意義

2021年のCOP26では，全国連加盟国（197カ国・地域）が締結・参加し，いわゆるパリ協定が結ばれた．その結論は，以下の3点に集約できる．

1) 2015年のCOP21で採択．それまでの「京都議定書」とは異なり，すべてのパリ協定締約国が，温室効果ガスの削減目標を作る．

2) 世界の平均気温の上昇を，産業革命以前に比べ2℃より十分低く保ちつつ（2℃目標），1.5℃に抑える努力を追求（1.5℃が努力目標）

3) 今世紀後半に世界の脱炭素（カーボンニュートラル）を実現することを目標とする．

COP26では，130カ国以上の首脳によるスピーチがあり，その中の一部を以下に要約する．[2)]

■米国バイデン大統領

　この10年は1.5℃目標が達成できることを証明する決定的な10年になる．世界の変曲点に立っている．我々は，公平なクリーンエネルギーの未来を築く能力があり，その過程で世界中に何百万もの給料の良い仕事と機会を生み出すことができる．**これは道徳的な要請である**と同時に，経済的な要請でもある．

■ジョンソン英首相

　COP26は気候変動を終わらせることはできないが，**終わりの始まりになることはできる**．今こそ1.5℃，よりクリーンでグリーンな将来への道筋をつける時．グリーン産業革命は既に多数の雇用を創出している．若者そして数十億の目が我々を見ている．COP26を気候変動への戦いの転換点としなければならない．

　一時期は，COPの枠組みを離脱した米国であるが，バイデン大統領は明確に「道徳的要請」と述べている．本書を通じて，地球温暖化とその対策の意義を述べてきたが，これは将来の人類，子孫に対する道徳でもある．

第4節　おわりに

　本書の最終章としてのまとめを述べる．現在の世界の繁栄は，第二次世界大戦後に本格的に始まり，特に中東の巨大な油田の発見——エネルギー密度の高い化石燃料により，発展を続けてきた．1960年台の世界人口は36億人程度であり，現在はその倍以上の80億人が暮らす．また，当時は，工業の度合いは低く，車の走る数も少なく，世界を移動する手段も船が活躍する時代であった．その時には，地球の持つ資源，環境の復元性に対する人類の影響力は微々たるものであった．しかし，人類は発展とともに，多くの課題を地球に与えるまでになった．その1つには，フロンによるオゾン層の破壊や，排気ガスからの窒素酸化物に起因する酸性雨の問題であった．これらを人類は，英知を持って発見し，その対策をしてきた．かたや，フロンや窒素酸化物は普遍的な物質ではなく，寧ろ限定的で特殊なガスであり，用途や排出源も限られており，対策し易い．しかし，現在直面している二酸化炭素は，非常に普遍的であり，非常に安定な物質である．化石燃料の消費から，家畜に至るまで，幅広く発生する．これは，個々人の積み重ねてあるとは言え，反面，先進国は先に膨大な化石燃料を使って発展を遂げた歴史もある．我々は1人残らず，宇宙船地球号の乗り組み員であり，人は須らく幸福になる権利を有する．この危機には，テクノロジーや政策の進展と共に，我々の行動変容が何より求められる．行動変容無くして，テクノロジーに依存しても無意味である．これを解決するには，個々の学問の寄せ集めではなく，個々の学問と部分とするなら，それを集めた「全体」——総合知が必要である．本書の読者が，この本を契機に，地球温暖化，カーボンニュートラルに興味を持ち，総合知を獲得していくことを切に望む．

注
1 ）　例えば，東北電力「エアコンの省エネ効果の算出根拠」（https://www.tohoku-epco.co.jp/dprivate/saving/checksheets/basis_airconditioner.html，2022年11月20日閲覧）．
2 ）　経済産業省「COP26の成果と今後の動向」2021年12月（https://www.rite.or.jp/news/events/pdf/kihara-ppt-kakushin2021.pdf，2022年12月1日閲覧）．

参考文献

糸井川高穂・村上遥香・松山大介・鈴木彩花・竹内雄紀［2018］「ナッジを省エネに活用
する——ナッジの活用方法，具体例と効果およびその応用例——」『空気調和・衛生
工学会大会学術講演論文集』9．

索　　引

〈アルファベット〉

CCS　23
CCUS　29
CO_2 ペイバックタイム　69
COP　2, 232
　——26　232
CSR　140-143
ESCO 事業　223
ESG　149, 150
　——投資　149, 151
EV　33, 100
　——用充電スポット　44
FCV　33, 100
FUN 共創カフェ　203
GHGs　35
ICT　133
IIRC　154
ILO　4
IPCC　2, 3, 20
LED 照明　218, 220
LRT　127-129, 134
Marchetti- Nakicenovic ダイアグラム　26, 27
MDGs（ミレニアム開発目標）　173
PHV　33
SAF　146, 147
SDGs　5, 35, 174, 197, 206
SRI　142
V2G（Vehicle to Grid）　73
VPP（仮想発電所）　122
ZEB　223, 224
　Nearly ——（ニアリーゼブ）　224
　—— Oriented（ゼブオリエンテッド）　224
　—— Ready（ゼブレディ）　224
　——システム　222, 223

〈ア　行〉

アグリゲーター　123

圧縮水素　99
アンカリング効果　228
アンモニア　104, 163
1 次変電所　53
インバーター　59
ウラン　78
ウラン235　78-80, 82
　——の核分裂　83
ウラン238　78
液化水素　99
エネルギー　47
　一次——　92
　水素——　91
　二次——　92
　——貯蔵技術　71
エネルギー・リソース・アグリゲーション・サービス（ERAB）　122, 123
エネルギーペイバックタイム（EPT）　69
エネルギーマネジメント（EMS）　134
塩害　163
塩水化　162
オゾン層の破壊　137
おとり効果　228
卸電力市場　121
温室効果　12, 13, 209
オンライン授業　216

〈カ　行〉

科学コミュニケーション　190
科学的リテラシー　191
確信バイアス　48
カーボンニュートラル燃料　103
カーボンプライシング　4
企業の社会的責任　140
供給予備力　121
クラマー, M. R.（Kramer, M. R.）　156
グリーン水素　97
グリーン政策　24
グリーン成長戦略　29
グリーンディール　24

グリーン冷媒　143
欠如モデル　191
ゲリラ豪雨　17, 21, 164
原子力　43, 77
原子力発電　49
原子炉格納容器　82, 85
国際エネルギー機関（IEA）　1, 22, 23, 34, 65,
　89, 91
国際原子力機関（IAEA）　86
コンパクトシティ　131-133

〈サ　行〉

再生エネ特措法　57
サステナビリティ報告書　153
サンクコスト　228
社会受容　47
遮熱塗料　218
集中豪雨　209
需給調整市場　122
需給調整メカニズム　122
シュタットベルケ　123
出力変動予測技術　74
シュテファン・ボルツマン定数　9, 11
シュテファン・ボルツマンの放射法則　9-11
準好気性埋立　37
　──概念　37
　──構造　37, 39
省エネルギー対策　222
植物工場　169
新電力　121
水素・燃料電池戦略ロードマップ　97
水素基本戦略　96
水素ステーション　97
水素爆発　86
水素輸送・貯蔵技術　99
スーパー台風　21
　──化　165
スマートグリッド　61-63
スマートシティ　133
制御棒　81
政治の知恵　186, 187
セイラー, R. H.（Thaler, R. H.）　229
設備利用率　66
ゼロカーボンキャンパス　222

線状降水帯　210

〈タ　行〉

代替フロン　138, 143
太陽光発電　65, 220
　──量　220
脱炭素キャンパス　221
炭素税　4
地方活性化　68
地方創生　68
中間変電所　53
中性子　81
　遅い──　78, 80
　熱──　78
　速い──　78
超高圧変電所　53
直接電解技術　113
デブリ　85
デマンドレスポンス　227
電解技術　110
電力構造改革　118
電力自由化　118
統合報告書　153
同時同量　67, 121
トランス・サイエンス　185, 188-190

〈ナ　行〉

ナッジ　229-231
均し効果　71
二重窓ガラス　218
日本版ナッジユニット　230
認知バイアス　48
燃料集合体　80, 81
燃料電池　93, 112
　固体高分子形（PEFC）　93
　固体酸化物形（SOFC）　93, 94
　溶融炭酸塩形（MCFC）　93
　りん酸形（PAFC）　93

〈ハ　行〉

バイオマス　43
配電用変電所　54
ハイブリッド車　98
パターナリズム　230

バーチャルウォーター　　166

パリ協定　　211

ピーク電源　　57

ヒートアイランド　　17, 18, 21

ヒューリステック理論　　48

風力発電　　65

福岡方式　　39, 40

福島第一原子力発電所　　77, 83, 89

副生水素　　98

副生硫安　　163

フードシステム　　167

ブルーマップ・シナリオ　　22, 23

プロスペクト理論　　228

プロメテウスの火　　185, 186

フロンガス　　137

分散型電力　　123

文脈モデル　　191

ベースロード　　70

　　——電源　　43

ペレット　　80

崩壊熱　　83, 84

ホウ素　　81

ポーター，M. E.（Porter, M. E.）　　156

〈マ・ヤ行〉

ミッシングマネー　　119

ミドル電源　　56

ミドル負荷　　70

ミドルロード　　70

ムラー，R. A.（Muller, R. A.）　　18

メタン　　104

メチルシクロヘキサン　　104, 108

有機ハイドライド　　99

揚水式水力発電　　60

〈ラ・ワ行〉

リモートワーク　　216

臨界　　83

ワインバーグの考え　　189

著者一覧 (執筆順)

堀　　史　郎 (福岡大学 研究推進部 教授) [第1，5，11章]

岩 山 隆 寛 (福岡大学 理学部 地球圏科学科 教授) [第2章]

稲 毛 真 一 (福岡大学 工学部 機械工学科 教授) [第3，7，8，15，20章]

田 中 綾 子 (福岡大学 工学部 資源循環・環境グループ 教授) [第4章]

篠 原 正 典 (福岡大学 工学部 電気工学科 教授) [第6章]

堂 園 千香子 (福岡大学 工学部 機械工学科 大学院生) [第7章]

山 辺 純一郎 (福岡大学 工学部 機械工学科 教授) [第9章]

久保田　純 (福岡大学 工学部 化学システム工学科 教授) [第10章]

辰 巳　　浩 (福岡大学 工学部 社会デザイン工学科 教授) [第12章]

田部井 優也 (福岡大学 工学部 社会デザイン工学科 助教) [第12章]

合 力 知 工 (福岡大学 商学部 経営学科 教授) [第13，14章]

八 尾　　滋 (福岡大学 工学部 化学システム工学科 教授) [第16章]

須 長 一 幸 (福岡大学 教育開発支援機構 准教授) [第17章]

蛇 嶋　　華 (福岡大学 工学部 機械工学科 助手) [第18章]

早 川 野梨子 (福岡大学 教務部事務部 教務三課) [第18章]

新 垣 美 奈 (福岡大学 工学部 機械工学科 学部生) [第18章]

柳 瀬 龍 二 (福岡大学 環境保全センター 教授) [第19章]

カーボンニュートラルが変える地球の未来
——2050年への挑戦——

2023年3月30日　初版第1刷発行　　＊定価はカバーに
　　　　　　　　　　　　　　　　　　　表示してあります

編　者　　福　岡　大　学
　　　　　カーボンニュートラル ⓒ
　　　　　推　進　協　議　会

発行者　　萩　原　淳　平

印刷者　　江　戸　孝　典

発行所　株式　晃　洋　書　房
　　　　会社
　〒615-0026　京都市右京区西院北矢掛町7番地
　　　　　電話　075 (312) 0788番代
　　　　　振替口座　01040-6-32280

装丁　㈱クオリアデザイン事務所　　印刷・製本　共同印刷工業㈱
ISBN978-4-7710-3749-6